村庄整治技术手册

家庭节能与新型能源应用

住房和城乡建设部村镇建设司　组织编写
戴震青　主编

中国建筑工业出版社

图书在版编目(CIP)数据

家庭节能与新型能源应用/戴震青主编. —北京：
中国建筑工业出版社，2009
（村庄整治技术手册）
ISBN 978-7-112-11660-7

Ⅰ.家… Ⅱ.戴… Ⅲ.①农村—家庭—节能—手册
②能源—应用—手册 Ⅳ.TS976.11-62 TK01-62

中国版本图书馆 CIP 数据核字（2009）第 219735 号

村庄整治技术手册
家庭节能与新型能源应用
住房和城乡建设部村镇建设司 组织编写
戴震青 主编

*

中国建筑工业出版社出版、发行（北京西郊百万庄）
各地新华书店、建筑书店经销
北京天成排版公司制版
北京云浩印刷有限责任公司印刷

*

开本：880×1230 毫米 1/32 印张：6¼ 字数：190 千字
2010 年 3 月第一版 2010 年 3 月第一次印刷
定价：**19.00** 元
ISBN 978-7-112-11660-7
(18909)

版权所有 翻印必究
如有印装质量问题，可寄本社退换
（邮政编码 100037）

本书为《村庄整治技术手册》的一个分册,主要考虑了《村庄整治技术规范》涉及的村庄整治中的能源问题,全书共分6章,内容涉及两个方面,一是新型能源应用技术,一是家庭节能技术。新型能源应用技术包括了太阳能、生物质能(沼气)、风能、地热能、微水电小水电技术等;家庭节能包括了炉灶节能改造、节能炕、家庭节水及家庭节电技术。

本书内容丰富,技术实用,针对性强,可供从事村庄整治工作的工程技术人员和管理人员学习,也可供广大农户学习参考。

* * *

责任编辑:刘　江
责任设计:赵明霞
责任校对:陈　波　刘　钰

《村庄整治技术手册》
组委会名单

主　任：仇保兴　住房和城乡建设部副部长
委　员：李兵弟　住房和城乡建设部村镇建设司司长
　　　　赵　晖　住房和城乡建设部村镇建设司副司长
　　　　陈宜明　住房和城乡建设部建筑节能与科技司司长
　　　　王志宏　住房和城乡建设部标准定额司司长
　　　　王素卿　住房和城乡建设部建筑市场监管司司长
　　　　张敬合　山东农业大学副校长、研究员
　　　　曾少华　住房和城乡建设部标准定额所所长
　　　　杨　榕　住房和城乡建设部科技发展促进中心主任
　　　　梁小青　住房和城乡建设部住宅产业化促进中心副主任

《村庄整治技术手册》
编委会名单

主　编：李兵弟　住房和城乡建设部村镇建设司司长、教授级高级城市规划师

副主编：赵　晖　住房和城乡建设部村镇建设司副司长、博士
　　　　　徐学东　山东农业大学村镇建设工程技术研究中心主任、教授

委　员：（按姓氏笔画排）
　　　　　卫　琳　住房和城乡建设部村镇建设司村镇规划（综合）处副处长
　　　　　马东辉　北京工业大学北京城市与工程安全减灾中心研究员
　　　　　牛大刚　住房和城乡建设部村镇建设司农房建设管理处
　　　　　方　明　中国建筑设计研究院城镇规划设计研究院院长
　　　　　王旭东　住房和城乡建设部村镇建设司小城镇与村庄建设指导处副处长
　　　　　王俊起　中国疾病预防控制中心教授
　　　　　叶齐茂　中国农业大学教授
　　　　　白正盛　住房和城乡建设部村镇建设司农房建设管理处处长
　　　　　朴永吉　山东农业大学教授
　　　　　米庆华　山东农业大学科学技术处处长
　　　　　刘俊新　住房和城乡建设部农村污水处理北方中心研究员
　　　　　张可文　《施工技术》杂志社社长兼主编
　　　　　肖建庄　同济大学教授
　　　　　赵志军　北京市市政工程设计研究总院高级工程师

郝芳洲	中国农村能源行业协会研究员
徐海云	中国城市建设研究院总工程师、研究员
顾宇新	住房和城乡建设部村镇建设司村镇规划（综合）处处长
倪 琪	浙江大学风景园林规划设计研究中心副主任
凌 霄	广东省城乡规划设计研究院高级工程师
戴震青	亚太建设科技信息研究院总工程师

序

当前，我国经济社会发展已进入城镇化发展和社会主义新农村建设双轮驱动的新阶段，中国特色城镇化的有序推进离不开城市和农村经济社会的健康协调发展。大力推进社会主义新农村建设，实现农村经济、社会、环境的协调发展，不仅经济要发展，而且要求大力推进生态环境改善、基础设施建设、公共设施配置等社会事业的发展。村庄整治是建设社会主义新农村的核心内容之一，是立足现实、缩小城乡差距、促进农村全面发展的必由之路，是惠及农村千家万户的德政工程。它不仅改善了农村人居生态环境，而且改变了农民的生产生活，为农村经济社会的全面发展提供了基础条件。

在地方推进村庄整治的实践中，也出现了一些问题，比如乡村规划编制和实施较为滞后，用地布局不尽合理；农村规划建设管理较为薄弱，技术人员的专业知识不足、管理水平较低；不少集镇、村庄内交通路、联系道建设不规范，给水排水和生活垃圾处理还没有得到很好解决；农村环境趋于恶化的态势日趋明显，村庄工业污染与生活污染交织，村庄住区和周边农业面临污染逐年加重；部分农民自建住房盲目追求高大、美观、气派，往往忽略房屋本身的功能设计和保温、隔热、节能性能，存在大而不当、使用不便、适应性差等问题。

本着将村庄整治工作做得更加深入、细致和扎实，本着让农民得到实惠的想法，村镇建设司组织编写了这套《村庄整治技术手册》，从解决群众最迫切、最直接、最关心的实际问题入手，目的是为广大农民和基层工作者提供一套全面、可用的村庄整治实用技术，推广各地先进经验，推行生态、环保、安全、节约理念。我认为这是一项非常及时和有意义的事情。但尤其需要指出的是，村庄整治工作的开展，更离不开农民群众、地方各级政府和建设主管部门以及社会各界的共同努力。村庄整治的目的是为农民办实事、办好事，我希望这套丛书能解决农村一线的工作人员、技术人员、农民参与村庄整治的技术需求，能对农民朋友们和广大的基层工作者建设美好家园和改变家乡面貌有所裨益。

仇保兴

2009 年 12 月

前　言

《村庄整治技术手册》是讲解《村庄整治技术规范》主要内容的配套丛书。按照村庄整治的要求和内涵，突出"治旧为主，建新为辅"的主题，以现有设施的改造与生态化提升技术为主，吸收各地成功经验和做法，反映村庄整治中适用实用技术工法（做法）。重点介绍各种成熟、实用、可推广的技术（在全国或区域内），是一套具有小、快、灵特点的实用技术性丛书。

《村庄整治技术手册》由住房和城乡建设部村镇建设司和山东农业大学共同组织编写。丛书共分13分册。其中，《村庄整治规划编制》由山东农大组织编写，《安全与防灾减灾》由北京工业大学组织编写，《给水设施与水质处理》由北京市市政工程设计研究总院组织编写，《排水设施与污水处理》由住房城乡建设部农村污水处理北方中心组织编写，《村镇生活垃圾处理》由中国城市建设研究院组织编写，《农村户厕改造》由中国疾病预防控制中心组织编写，《村内道路》由中国农业大学组织编写，《坑塘河道改造》由广东省城乡规划设计研究院组织编写，《农村住宅改造》由同济大学组织编写，《家庭节能与新型能源应用》由亚太建设科技信息研究院组织编写，《公共环境整治》由中国建筑设计研究院城镇规划设计研究院组织编写，《村庄绿化》由浙江大学组织编写，《村庄整治工作管理》由山东农业大学组织编写。在整个丛书的编写过程中，山东农业大学在组织、协调和撰写等方面付出了大量的辛勤劳动。

本手册面向基层从事村庄整治工作的各类人员，读者对象主要包括村镇干部，村庄整治规划、设计、施工、维护人员以及参与村庄整治的普通农民。

村庄整治技术涉及面广，手册的内容及编排格式不一定能满足所有读者的要求，对书中出现的问题，恳请广大读者批评指正。另外,村庄整治技术发展迅速,一套手册难以包罗万象,读者朋友对在村庄整治工作中遇到的问题,可及时与山东农业大学村镇建设工程技术研究中心(电话0538-8249908,E-mail:zgczjs@126.com)联系,编委会将尽力组织相关专家予以解决。

编委会

2009年12月

本书前言

《村庄整治技术规范》(GB 50445—2008)的发布，对村庄整治起到了良好的指导作用。然而在实践中，村镇干部、技术人员及农民兄弟在理解和实际应用规范能力方面相对欠缺。为了更好地发挥规范的指导作用，提供图文并茂、通俗易懂的技术应用资料，住房和城乡建设部村镇建设司组织编写了这套《村庄整治技术手册》。

本分册为《村庄整治技术手册》的第10分册《家庭节能与新型能源应用》。内容涉及两个方面，一是新型能源应用技术，二是家庭节能技术。新型能源应用技术包括了太阳能、生物质能(沼气)、风能、地热能、微水电小水电技术等；家庭节能包括了炉灶节能改造、节能炕、家庭节水及家庭节电技术。本分册内容并未对农村所有能源及其节约作系统介绍，主要考虑了《村庄整治技术规范》(GB 50445—2008)涉及的内容及村庄整治中主要的能源问题。

参与本分册编写的人员有：亚太建设科技信息研究院戴震青、张可文、陈永、田峰，中国建筑设计研究院李宏，中国建筑科学研究院郑瑞澄，农业部沼气科学研究所梅自力、孔垂雪、孙万刚、刘刈，清华大学林波荣，北京清华城市规划设计研究院聂金哲，中国农业大学杨仁刚、翟庆志、张昕，山东农业大学李法德，中国农村能源行业协会炉具专业委员会郝芳洲，沈阳建筑大学朴玉顺、马斌，昆明新元阳光科技有限公司朱培世，自由撰稿人卢嘉等。

本分册编写过程中接受了住房和城乡建设部村镇建设司领导、《村庄整治技术手册》副主编山东农业大学徐学东教授、中国建筑设计研究院张国栋以及手册编委、其他分册主编的大量指导，在此表示感谢。同时感谢为本分册做出努力的所有工作人员。

目 录

1 我国农村能源消耗与节能 …………………………………………… 1
  1.1 农村能耗与用能现状 ……………………………………………… 1
  1.2 农村新能源应用 …………………………………………………… 2
    1.2.1 农村新能源的形式与特点 …………………………………… 2
    1.2.2 农村新能源应用对社会经济发展和环境改善的作用 ……… 2
  1.3 农村能源的科学安全使用 ………………………………………… 3

2 炉灶节能改造与节能炕 ……………………………………………… 4
  2.1 炉灶的省柴节煤改造 ……………………………………………… 4
    节能-1 炉灶改造技术 …………………………………………… 4
    2.1.1 农村省柴节煤灶 ……………………………………………… 4
    2.1.2 省柴灶的主要构造 …………………………………………… 7
    2.1.3 二次进风省柴灶 ……………………………………………… 8
    节能-2 二次进风省柴灶技术 …………………………………… 8
    2.1.4 省柴灶的性能与应用 ………………………………………… 10
  2.2 高效节能炕采暖技术 ……………………………………………… 15
    节能-3 高效节能炕采暖技术 …………………………………… 15
    2.2.1 节能炕的采暖方式 …………………………………………… 16
    2.2.2 燃池(地炕)式采暖方式 ……………………………………… 28
    节能-4 燃池(地炕)式采暖技术 ………………………………… 28

3 沼气综合利用 ………………………………………………………… 33
  3.1 农村户用沼气池 …………………………………………………… 33
    3.1.1 农村户用沼气池建造模式 …………………………………… 33
    3.1.2 农村户用沼气池设计及施工 ………………………………… 35
    节能-5 沼气池设计技术 ………………………………………… 35

节能-6　沼气池施工技术 ··· 36
　　3.1.3　沼气池配套设备及安全使用 ································· 44
　　节能-7　沼气池安全使用技术 ··· 44
　　3.1.4　沼气池的维护管理 ··· 45
　　节能-8　沼气池维护管理技术 ··· 45
　　3.1.5　农村户用沼气经济效益分析 ································· 46
3.2　农村生活污水净化沼气池 ··· 50
　　3.2.1　农村生活污水的水质和水量 ································· 50
　　3.2.2　农村生活污水的收集和输送 ································· 52
　　3.2.3　农村生活污水净化沼气池的设计与施工 ············· 52
　　3.2.4　农村生活污水净化沼气池的运行管理 ················· 64
　　3.2.5　农村生活污水净化沼气池经济效益分析 ············· 65
3.3　畜禽养殖场沼气工程 ··· 66
　　3.3.1　畜禽养殖场粪污处理沼气工程模式 ····················· 66
　　3.3.2　畜禽养殖场沼气工程工艺设计 ····························· 69
　　节能-9　畜禽养殖场沼气工程工艺技术 ························· 69
　　3.3.3　畜禽养殖场沼气工程运行管理 ····························· 75
　　3.3.4　沼渣、沼液综合利用 ··· 80
　　3.3.5　畜禽养殖场沼气工程案例 ····································· 85

4　太阳能应用 ··· 88
4.1　太阳能应用概述 ··· 88
4.2　太阳灶 ··· 89
　　节能-10　太阳灶技术 ··· 89
　　4.2.1　聚光式太阳灶 ··· 89
　　4.2.2　箱式太阳灶 ··· 90
　　4.2.3　太阳灶的安装与使用维护 ····································· 94
4.3　太阳能热水系统 ··· 95
　　节能-11　太阳能热水系统技术 ······································· 95
　　4.3.1　太阳能热水系统的类型 ··· 95
　　4.3.2　太阳能热水系统的选购 ··· 99
　　4.3.3　太阳能热水系统的安装调试、验收移交 ············· 100
　　4.3.4　太阳能热水系统的使用与管理维护 ····················· 101

4.4 太阳能温室 102
节能-12 太阳能温室技术 102
4.4.1 太阳能温室的分类与特点 102
4.4.2 太阳能温室的设计 102
4.4.3 太阳能温室的建造与管理 104

4.5 太阳房 109
4.5.1 太阳房的分类和工作原理 109
4.5.2 被动式太阳房的设计与建设 112
节能-13 被动式太阳房技术 112
4.5.3 太阳房的节能效益分析 114

5 生物质能应用 116
5.1 生物质能应用 116
5.1.1 生物质能概述 116
5.1.2 生物质能生产 117

5.2 生物质压缩成型技术 118
节能-14 生物质压缩成型技术 118
5.2.1 生物质压缩成型 118
5.2.2 生物质压缩机械的性能 120

5.3 生物质气化应用技术 123
节能-15 生物质气化技术 123
5.3.1 生物质气化技术 123
5.3.2 生物质燃气的应用 125

5.4 户用高效低排放生物质炉具 127
5.4.1 户用高效低排放炉具 127
5.4.2 高效低排放生物质采暖炉具 132

5.5 生物质成型燃料—成型机—生物质采暖炉产业链 133

6 其他能源利用 134
6.1 风能及其利用 134
6.1.1 风能使用的条件 134
6.1.2 家用风力发电系统的使用 137

节能-16　户用风光互补用水、提水工程技术 …… 137
6.1.3　村庄风力发电系统的并网 …… 140
节能-17　村庄风力发电系统技术 …… 140
6.1.4　村庄风力发电系统的维护与保养 …… 141
6.2　农村地源热泵技术 …… 142
节能-18　农村地源热泵技术 …… 142
6.2.1　地源热泵技术简介 …… 142
6.2.2　地源热泵的类型 …… 143
6.2.3　地源热泵的优势 …… 146
6.2.4　地源热泵的设计、安装与使用 …… 147
6.2.5　总结 …… 148
6.3　微水电、小水电应用 …… 148
节能-19　微型水力发电技术 …… 148
6.3.1　微型水力发电 …… 149
6.3.2　微型水电站规划 …… 150
6.3.3　微水电水工建筑物 …… 151
6.3.4　水轮机 …… 153
6.3.5　输电线路 …… 154
6.4　小型潮汐发电技术 …… 155
节能-20　小型潮汐发电技术 …… 155
6.4.1　潮汐能概述 …… 155
6.4.2　潮汐能的开发方式 …… 155
6.4.3　站址选择和水工建筑物 …… 158
6.4.4　潮汐能开发的特点 …… 158

7　家庭节电、节水技术 …… 160
7.1　家庭节电技术 …… 160
7.1.1　通用节电技巧 …… 160
7.1.2　电视机节电技巧 …… 161
7.1.3　电冰箱节电技巧 …… 161
7.1.4　洗衣机节电技巧 …… 161
7.1.5　照明灯具节电技巧 …… 162
7.1.6　家用电脑节电技巧 …… 162
7.1.7　家用空调节电技巧 …… 163

  7.1.8 电风扇节电技巧 …………………………………………… 163
  7.1.9 电热水器节电技巧 ………………………………………… 164
  7.1.10 电饭煲节电技巧 …………………………………………… 164
  7.1.11 微波炉节电技巧 …………………………………………… 164
  7.1.12 抽油烟机节电技巧 ………………………………………… 165
  7.1.13 电熨斗节电技巧 …………………………………………… 165
 7.2 农村家庭节水技术 ………………………………………………… 166
  7.2.1 节水产品与技术 …………………………………………… 166
  7.2.2 生活节水知识 ……………………………………………… 170
  7.2.3 非传统水源的收集利用 …………………………………… 172
  7.2.4 村镇供水技术 ……………………………………………… 177
  7.2.5 结语 ………………………………………………………… 178

附录　技术列表 ………………………………………………………… 180

参考文献 ………………………………………………………………… 181

1 我国农村能源消耗与节能

1.1 农村能耗与用能现状

长期以来,我国农村能源的利用以直接燃烧秸秆、薪柴等非商品生物质能为主,效率很低,环境影响大。改革开放后,特别是近年来,随着农村经济的快速发展,农村使用商品能源(包括煤炭、石油、燃气和电力能源等)比例逐渐增大。据清华大学 2006 年和 2007 年调研数据显示,北方地区农村使用商品能源平均超过了 70%,南方地区平均已经接近 50%。2005 年及 2006 年中国农村能源利用情况统计见表 1-1。从该表可以看出,农村商品能源大部分用于生产,而非商品能源大多用于生活。

中国农村能源利用情况统计表 表 1-1

	2005 年			2006 年		
	生产用	生活用	合计	生产用	生活用	合计
商品能源(煤炭、石油、电力等)	349.98	213.02	563.00	417.93	226.09	644.02
非商品能源(薪柴、秸秆等)	32.87	262.70	295.57	37.71	274.77	312.48

注:表中数值单位为 Mtce(百万吨标准煤)。

农村能源的使用,包括生产用能和生活用能两大主要方面。农村生活用能大于生产用能。而在生活用能中,至今仍大量使用的非商品能源,增加了"十一五"期间我国实现节能减排目标的难度。我国经济发展重点的转移和农村经济的发展,对能源需求进一步加大,我国农村节能和新能源开发工作任重道远。

1.2 农村新能源应用

新能源一般是指应用新技术开发的可再生能源,如太阳能、生物质能、风能、地热能、潮汐能等可持续应用的能源,主要是区别于常规能源(或者叫传统能源),如煤炭、石油、天然气以及其他以资源消耗为主的能源。

1.2.1 农村新能源的形式与特点

我国现阶段新能源主要形式有沼气、太阳能、生物质能、风能、地热能、微小水电等形式。

农村新能源具有以下特点:

(1)资源丰富,就地取材。我国农村地域辽阔,太阳能、风能、水能及生物质能资源均相对丰富,各地可根据条件适当采用符合当地资源情况的能源生产方式。

(2)技术成熟,形式多样。能源危机后,新能源开发受到各国的重视,我国沼气技术、秸秆气化技术、太阳能技术等已经趋于成熟。

(3)清洁环保,政策支持。新能源具有可再生和清洁环保的特点,国家正在不断出台融资贷款和税收优惠政策支持新能源产业。

1.2.2 农村新能源应用对社会经济发展和环境改善的作用

经济发展和能源的消耗具有相当密切的关系,我国 GDP 与能源消耗之间的关系见图 1-1,图中数据以 2000 年不变价格调整计算。分析得出,GDP 与能源消耗之间存在正相关性。

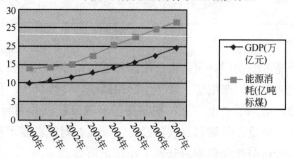

图 1-1 我国 GDP 与能源消耗关系图

我国农村经济快速发展，需要大量能源。常规能源日趋枯竭，决定了我国农村快速发展中需要大量应用新能源。新能源的开发应用，将为我国农村社会经济发展起到巨大的促进作用。

（1）提高农民生活水平。我国农村生活能源效率低，缺口较大。新能源开发应用能够使得农民生活舒适度得到提高，用能要求得到更大的保障。

（2）为农村产业发展拓展了更大的空间。农村能源短缺一直是制约我国农村经济发展的重要因素。新能源的开发应用将提高我国农产品质量，改善产业结构，提升农村经济发展能力。

（3）农村生态环境质量将得到提高。我国农村对生态环境的重视程度较低，卫生条件相对较差。新能源的使用将逐步改变农村用能方式，改善我国农村生态条件，提高农村可持续发展能力。

1.3　农村能源的科学安全使用

新能源的科学、安全使用是我国农村新能源开发应该着重注意的问题。

沼气、秸秆气的使用均应经过安全和管理技术培训，沼气池的建设必须在专业人员指导下进行。

太阳能热水器须由专业人员进行安装，太阳能热水器的故障必须由太阳能热水器厂家指定专业人员负责排除。

其他节能方式的实施和新能源开发利用设施的应用必须遵循我国相关标准规范和本手册注明的注意事项进行，保证使用安全。

2 炉灶节能改造与节能炕

现阶段农村生活用能,灶炕是必不可少的。在新农村建设中,使用操作方便和性能良好的炉灶以及高效预制组装架空炕,对改善农户厨房的环境卫生状况,提高冬季室内温度,增进农民身体健康有着十分重要的作用。农户必须根据各地的气候条件、地理位置、生活习惯、常用的生活燃料和经济水平的不同,因地制宜地选择炊事用的省柴灶、节能炕、生物质炊事炉具及采暖炉具。

2.1 炉灶的省柴节煤改造

节能-1 炉灶改造技术

2.1.1 农村省柴节煤灶

自1983年9月在北京召开"全国农村改灶节柴试点县工作会议"以来,全国各地因地制宜,研究开发了许多新型的省柴节煤灶,并在实际应用中得到不断改进。由于农户取暖或炊事所使用的节煤炉大多采用商品炉,因此,本节以省柴节煤灶为主,重点介绍省柴节煤灶的类型、构造、有关技术参数、施工及其使用维护等内容。

归纳起来,省柴节煤灶主要有以下几种:
(1) 自拉风灶

靠烟囱的抽力,不加其他辅助设施。根据烟囱和灶门的相对位置不同,可分为前拉风灶和后拉风灶。

1) 前拉风灶(见图2-1):烟囱在灶门上方,灶门与炉箅子之间的距离比较长,灶膛容积也比较大,大多以稻草为燃料,主要在南方使用。

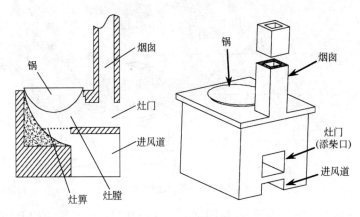

图 2-1 前拉风灶

2) 后拉风灶(见图 2-2):烟囱在灶膛的后部,灶门与炉算子之间的距离比较短,灶膛有的设拦火圈,有的没有拦火圈。主要在北方使用,其热效率比前拉风灶高。

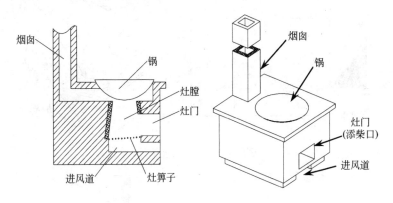

图 2-2 后拉风灶

3) 连锅灶

根据各地的生活习惯和需要,灶的形式有所不同,但都属于拉风灶的类型。

① 两门连锅灶(见图 2-3):两个灶门合用一个烟囱,如果分开使用,则需在出烟口设置闸板,使用主锅时用闸板挡住副锅,可以两锅同时使用。

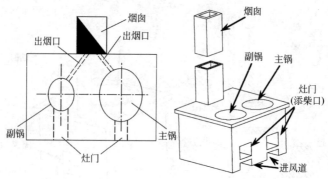

图 2-3 两门连锅灶

② 一门前后连锅灶(见图 2-4):一个灶门,前后两口锅共用一个烟囱。

③ 一门三锅灶(见图 2-5):一个灶门,三口锅,前边一口主锅,后边两口副锅。

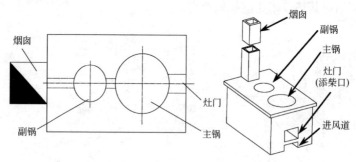

图 2-4 一门前后连锅灶

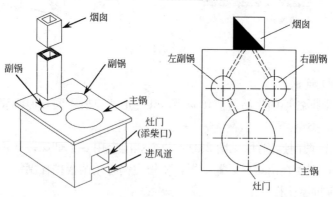

图 2-5 一门三锅灶

④ 两门三锅灶（见图2-6）：两个灶门两口主锅，后边还有一个小锅或汤罐，合用一个烟囱。

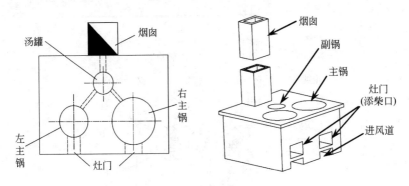

图 2-6　两门三锅灶

(2) 强制通风灶（风箱灶和鼓风灶）

在灶体一侧安装风箱（图 2-7）或小鼓风机（图 2-8），靠风箱或鼓风机强制通风助燃，主要用在有多年使用风箱习惯的地区或以煤为主要燃料的地区，如陕西、山东、山西、宁夏等省、自治区。

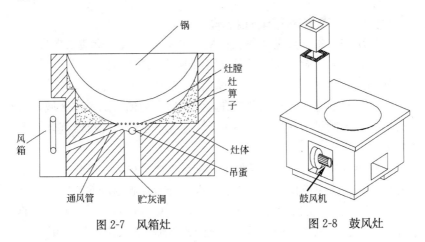

图 2-7　风箱灶　　　　　　图 2-8　鼓风灶

2.1.2　省柴灶的主要构造

省柴灶的种类很多，一般是由灶体、进风道、炉箅子、灶膛、拦火圈、灶门、保温层、烟囱、出烟口、风闸板等部件构成(图2-9)。

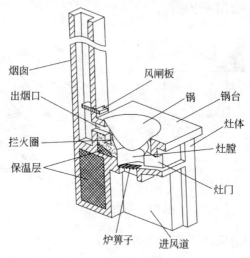

图2-9 省柴灶的构造

2.1.3 二次进风省柴灶

节能-2 二次进风省柴灶技术

  二次进风省柴灶是当前农村推广的主要灶型。所谓二次进风，是指在省柴灶灶膛外面的保温层间隙中或在进风道的后端、燃烧室的外侧安装二次进风管，使进风道内的一部分空气进入二次风管后，从灶膛上部的二次风管口进入到燃烧室内的火焰中部区域，与火焰中尚未燃尽的一氧化碳等可燃气体充分混合，使可燃气体等得到充分燃烧。

  在控制一次进风量的条件下，配合二次进风可使燃料得到充分燃烧。二次进风应做到空气预热，以免降低灶膛温度而造成燃料燃烧不完全。一般情况下，配有二次进风的灶膛都是圆筒形的(图2-10)。二次进风圈安装在灶膛的上部，二次进风圈与锅的直径比一般为1∶2。大多用铸铁铸造，环是密封的，分为内外两圈，外圈钻有通风孔(一个或两个)与二次进风道连接，内圈均布孔径为6mm，约8～12个孔。

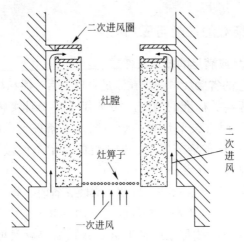

图 2-10 二次进风示意

图 2-11 显示了云南一家炉具公司研制开发的具有二次进风功能的铸铁灶芯及其炉具和砌筑的省柴灶。铸铁灶芯根据铁锅的大小有三种型号：大灶芯供直径为 2 尺 8 寸的铁锅使用，中灶芯供直径为 2 尺至 2 尺 2 寸的铁锅使用，小灶芯供直径为 40～60cm 的铁锅使用。砌筑省柴灶时，直接将铸铁灶芯安装在灶膛里并砌上拦火圈。砌筑后的省柴灶使用效果很好，已在云、贵、川等地推广十万多台。经测试，锅里加 20kg 水耗杂柴（玉米芯和薪柴）3kg，17 分钟把水烧开。优点是操作方便，燃料燃烧充分，污染物排放低，燃料适应性广，深受农户欢迎。配有这种灶芯的省柴灶适宜在经济欠发达的农村地区推广。

图 2-11 铸铁灶芯及其省柴灶

2.1.4 省柴灶的性能与应用

1. 省柴灶应满足的技术条件

一个理想的省柴灶，必须在满足农户生活习惯和炊事要求的同时，符合国家有关标准的规定。2006年4月1日实施的我国农业行业标准《民用省柴节煤灶、炉、炕技术条件》(NY/T 1001—2006)已经对民用省柴节煤灶、炉、炕的技术条件做了相关规定，归纳起来包括以下几点：

(1) 点火容易，起火快，好烧、火旺、省时、省工。

(2) 持续加热效能高，并且温度可调，由于在炊事过程中，需要在一定温度下持续加温一段时间，并且需要温度可控可调。如蒸、煮、炸食物等，三者所不同的仅在于维持的温度不一样，油炸食品所需的温度就比蒸煮高。

(3) 热效率高，传热效果好，使有效利用的热量最多，散失的热量少，并充分利用和保存余热，尽量减少排烟损失和其他散热损失。新建灶的热效率，烧柴草的要求高于30%，煤灶要求在40%以上。

(4) 结构合理，使用方便，安全卫生。炉灶制作、维修容易，施工方便，原料来源广泛，造价低廉，经久耐用，美观大方。使用时，操作方便，省燃料，省时、省工。能安全防火、有效排出燃气中的氟化物和二氧化硫等有毒气体，不得有烟气泄漏于室内。

2. 炉灶热性能的测试

农业行业标准《民用柴炉、柴灶热性能试验方法》(NY/T 8—2006)规定了民用柴炉、柴灶热性能的试验方法，本节不再详细叙述。

为检测炉灶的热性能，农村通常是用"三个十"的方法计算炉灶的热效率。该法是1972年原商业部提出的。即用10两柴(0.5kg)，用10分钟时间，烧开10斤(5kg)水，用柴越少，时间越短，说明该灶的热效率越高。虽然该法没有规定燃料和所使用的锅的种类，但该法不需要特殊的仪器和设备，通常有一台秤、一支温度计和一个计时器(闹钟、手表或手机等)即可测试，并且操作简单、容易掌握。在柴质、锅型相近似的情况下,对不同的炉灶进行测试,如果烧开等量的水,花费的时间越少、用柴量也少,说明炉灶的热效率高。

对于改建灶,也可采用比较法进行测试。比较法是指在同样的外界条件、同样大小的锅、同样的柴(煤)灶、同样的水温,将改前的旧灶与改后的省柴节煤灶进行比较,凡符合在 10min 内,烧开 5kg 水,用 0.5kg 柴草以内的为合格的省柴节煤灶,若烧开等量的水,用柴、时间越少,表明改成的省柴节煤灶的热效率越高,效果越好。

3. 省柴灶的使用与管理

(1) 正确使用

虽然使用了结构合理、热效率高的炉灶,但如果没有科学合理的管理与使用,同样达不到省柴的效果。俗话说"三分改灶,七分烧火",可见"烧"所占的重要地位。同样一个炉灶,采用不同的烧火方法,得到的热效率也会不一样。虽然烧柴方法因地、因灶、因柴有所差别,但概括起来科学的烧柴方法应是:先要缓、后要急;长柴截短、粗柴劈细、湿柴晾干;少添、勤添、匀添;勤挑勤看火候准,烧完火后关灶门。就是通常所说的"勤、少、快、匀"。

1) 勤看火苗、勤添柴草、勤扒灰渣

燃烧最理想的状态是火焰明亮、无烟、火势猛,能抱住锅底。在炉灶结构合理的前提下,如果火焰发暗并且有浓烟或火势无力,说明进柴草过多,或灰渣堵塞灶箅子,应减少或停止进添加柴草。用夹钳或拨火棍从燃料底层伸至灶箅子上适当通火,把灶箅子上面的灰渣扒到进风道内,使进气畅通。若火焰不满锅底,则锅底温度不高,影响传热效果,应及时添柴草。

2) 少添、快添、匀添

柴草的粗细、长短要搭配好。起火用干柴、软柴,待柴草正常燃烧且灶膛内的温度升高后,即可添加大柴或半干柴,将柴架略有交叉地放在炉箅子上方使其充分燃烧。添柴要做到少添、快添、匀添,使灶膛保持合理的吊火距离和良好的通风环境,以利柴草完全燃烧。省柴灶膛小,容纳的燃料少,如果每次的添柴量过多,柴草堆积过密，对通风不利，会造成柴草不易燃烧。因此，为了保证炉灶内柴草的正常燃烧，应减少每次的添柴量。由于少添柴草，燃烧时间缩短，因此必须勤添、快添，使火苗持续保持旺盛。为了使燃烧火苗在灶膛内均匀，必须做到添柴不多、不断、不偏。

3) 要养成关闭灶门的习惯

为了防止冷空气过多地从灶门进入灶膛，添柴后要及时关上灶门，这样可保证灶内温度迅速升高，热量损失少，火苗稳定。

(2) 日常管理与维护

为了充分发挥省柴灶的效益，延长省柴灶的使用寿命，在保证省柴灶结构合理、科学使用的基础上，还必须加强省柴灶的日常管理与维护，发现问题及时解决。

1) 省柴灶在使用过程中，如发现热效率降低、灶门出现"倒烟"或"燎烟"现象，应及时清除各处的积灰，特别是回烟道、出烟口和锅底等地方。具体方法是：把铁锅从灶台上取下，对锅底、出烟口、回烟道、拦火圈等处进行清理，清理时注意不要损伤炉灶的结构。

2) 经常清除进风道内的灰渣，使之保持良好的通风环境。

3) 添柴时不要将过长的木柴强制塞入或捅入灶膛，以免撞坏灶门、拦火圈和灶膛。如发现灶膛、拦火圈和辐射层有裂缝或缺损，应及时修补。

4) 加强对烟囱的观察与维护，如发现烟囱有裂缝或漏烟、漏气现象，要及时用石灰砂浆进行填补修理。要定期清除烟道内的积灰，保持烟囱畅通无阻。

5) 加强灶体的管理，灶台上不要站人，也不要放置重物或用重物碰撞灶体，特别不要撞击灶体的边沿，如有损坏要及时修补。

6) 使用盘管式或其他型式的热水器时，应注意以下几点：

① 千万不能断水，使用炉灶之前，必须检查热水器(余热利用装置)内的水位并及时补充。开水放完后，应及时加入冷水。水不能装得太满，以免烧开后溢出。

② 热水器应使用软水，以防热水器的内壁结垢而影响传热。

③ 每次清除锅底积灰时，要同时清除盘管上的积灰，但不要

硬刮或敲击。

④ 在开水龙头的出口处，可包一段纱布或塑料管，以免开水烫伤手脚。

⑤ 定期清除水箱盘管内的水垢。

4. 省柴灶常见故障的排除

省柴灶在使用过程中，由于种种原因，可能会出现炉灶不好烧、烟囱排烟不畅、锅偏开和不易开锅等故障。这时，要认真查找原因，针对不同故障采取不同的排除方法。炉灶故障的出现往往不是单一原因引起的，因此，必须针对炉灶在使用中出现的不同故障现象，通过观察与综合分析，找出排除故障的方法。表 2-1 列举了省柴灶使用过程中常见的故障与排除方法。

省柴灶常见故障与排除方法　　　　　表 2-1

故障表现	产生原因	排除方法
灶门倒烟	① 拦火圈上沿与锅壁间隙太小 ② 回烟道尺寸不够 ③ 出烟口尺寸过小	加大到合适尺寸
	④ 添柴口（灶门或炉门）过高	降低灶门上沿高度，应低于锅脐 20mm 以上
	⑤ 柴草一次添加太多 ⑥ 柴草过湿	少添、勤添 晒干、晾干柴草
	⑦ 副锅烟道不畅，烟气从烟囱排不出去	及时清除副锅烟道积灰
	⑧ 烟囱处在大树和高大建筑物之下	烟囱不应建在大树和高大建筑物之下，否则，应加烟囱帽
	⑨ 烟囱的抽力不足	堵塞漏气缝隙
争嘴冒烟	当两个灶门合用一个烟囱时，点火炉灶产生的热烟气流在烟囱内或炕内的冷气流相遇后产生涡流，导致争嘴冒烟	把不点火的喉眼堵严
犯风	① 灶体、烟囱等密封不严，有透风地方	检查灶体与烟囱并修补缝隙
	② 烟囱低于屋脊，排烟不畅	加高烟囱，使烟囱出口高于屋脊 0.5m 以上
	③ 受地形、建筑物、树木等影响，排烟不畅	添加烟囱帽

续表

故障表现	产 生 原 因	排 除 方 法
打呛	① 燃烧了油类或燃烧比较快的燃料	适当添加
	② 燃料过多，一时难以燃烧	少添、勤添
	③ 使用鼓风机过猛，造成烟量过大不能及时排出	适当送风
	④ 封火时产生的一氧化碳遇到明火	敞开炉盖，轻透炉底，让炉火逐渐燃烧
	⑤ 火炕和烟囱砌筑不合理	在炕梢的炕墙上打开一个120mm的孔，并用厚纸密封作为火炕的保险阀 及时清除炕内的堵塞
烟囱抽力不足	① 烟囱周围密封不严，有漏气处或烟囱堵塞	检查烟囱有无缝隙并及时修补，检查烟囱是否堵塞并排除
	② 烟囱横截面积过大或过小，高度不够	修改烟道面积，增加烟囱高度
	③ 出烟口处拦火圈与锅壁的间隙太小，烟气阻力太大	调整出烟口的拦火圈与锅壁的间隙
偏锅开	① 燃烧火力不集中在锅底	检查燃烧室形状，燃烧中心应集中在锅底中心
	② 灶膛太小，吊火太低	扩大灶膛，加大吊火高度，清除灶膛内的积灰
	③ 拦火圈上沿与锅壁间隙不均匀，造成高温烟气偏流	调整拦火圈上沿与锅壁间隙，最好模具化，保证各部位尺寸均匀
	④ 炉箅子安装不正确	合理调整炉箅子的位置
	⑤ 添柴操作不正确	在炉箅子中心添加柴草
	⑥ 回烟道积灰过多或堵塞	清理回烟道
不易开锅	① 吊火高度太大，火的外焰燎锅底	适当降低吊火高度
	② 拦火圈太低，火焰直接被烟囱抽走	适当加高拦火圈的高度
	③ 灶膛过大，火力不集中	减小灶膛尺寸
	④ 灶膛保温性差、导热损失过大	更换灶膛保温材料
	⑤ 进风量过少，导致燃烧不完全	适当扩大炉箅子有效进风面积或清除渣室积灰

续表

故障表现	产生原因	排除方法
新灶点火困难，点火后难烧	① 灶膛太湿	烘干灶膛
	② 炉箅子间隙大，进风量过大	适当关闭进风口，以控制进风量，开始点火时减少进风量；适当减少拦火圈上沿与锅壁的间隙；适当调整炉箅子间隙，调节烟囱闸板
炉灶使用一段时间后热效率降低	① 拦火圈上沿因积灰而减小了与锅壁之间的间隙，回烟道、出烟口积灰过多	清除各处烟灰
	② 锅底积灰太厚，影响传热效果	清除锅底积灰
	③ 拦火圈或灶膛损坏或脱落	检查并修补
回烟道不完全回烟	① 炉箅子与燃烧室相对位置有偏差	调整两者之间的位置
	② 回烟道断面不均匀或堵塞	清理回烟道，并使各处断面均匀
柴灶使用一段时间后出现燎烟	① 烟囱内因某种原因湿度加大（特别是有一段时间未使用）	用引火柴在灶内烧几分钟，并敞开灶门，加大进风量
	② 锅底积灰太厚，各部间隙、烟道积灰使烟气流速减慢	及时清除各处积灰
燃料燃烧不完全（截柴）	① 多发生在前拉风灶上，原因是炉箅子太向后，有效进风面积太小，空气量不足	调整炉箅子位置，适当加大进风量
	② 添柴过多	勤添、少添、匀添
	③ 通风不良	增大进风量
	④ 烟囱或排烟道堵塞，出烟口过小	及时清除堵塞，加大出烟口尺寸
	⑤ 烟囱内潮湿，排烟不畅	在烟囱底部烧火排湿

2.2 高效节能炕采暖技术

节能-3　高效节能炕采暖技术

我国北方冬天用火炕来取暖是非常普遍的现象，但是由于传统火炕受搭砌材料和搭砌方式的限制，存在很多不足。较厚的炕内垫土吸收热量并导入地下，使热量损失 $6\% \sim 8\%$，为延长烟气流程而设置的炕头分烟、落灰堂、闷灶等造成烟气流动阻力增加，使炕面出现局部过热、过凉以及倒烟、燎烟等现象。同时，由于在炕洞内砌筑较多的支柱墙，占据了烟气流动空间，使炕面和烟气的接触面减小，大量的热量随烟气排出，影响了炕面得热率。近年来，我国的科研人员根据建筑力学、流体力学、热力学、气象学等多学科原理研制成功了高效节能、广泛适用于我国北方地区的新型采暖方式——节能炕。

节能炕是将传统的火炕修改为节能型，通过参考节能炕散热量，结合房屋体积大小，对最佳供暖需求进行合理配置。节能炕的应用，克服了传统火炕热能利用率低，结构不合理，不美观不卫生，需年年扒砌等问题，减少了环境污染，是农村采暖炊事设施的一次重大改进。经过专家测试，一铺节能炕比传统火炕每年可以节约1382kg秸秆或1210kg的薪柴，相当于691kg煤，并且可以使室内温度提高4～5℃。

目前，节能炕已经在三北地区得到了一定程度的应用。它性价比较高，建一铺节能炕仅需要300元左右，所以具有极高的推广价值。

2.2.1　节能炕的采暖方式

1. 节能炕的结构和技术特点

（1）节能炕的结构

节能炕又称预制组装架空炕，也称吊炕。节能炕从结构上看主要由炕下支柱、炕底板、炕墙、炕内支柱、炕梢阻烟墙、炕体与外墙连接处的保温层、炕面板等组成（如图2-12所示）。

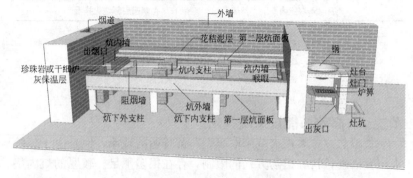

图2-12　节能炕结构示意

炕下支柱：支撑节能炕的底板的几个承受较大压力立柱。

炕底板：是整个炕体的支撑板，与炕下支柱共同支撑节能炕。

炕墙：是炕体的侧面，也是散热面。

炕内支柱：是用来支撑炕面板，增强炕面的支撑力。

炕内阻烟墙：是炕梢环流式样"人"字的矮墙，它可使炕梢烟气由急流变成缓流，延长炕梢烟气的散热时间，排除炕梢上下两个不热的死角，缩小炕头与炕梢的温差。

炕体与外墙连接处的保温层：炕内接触的外墙称为冷墙，这部分墙体须利用水泥珍珠岩、细炉渣等进行保温处理。

烟插板：安放在节能炕的出烟口处，是用来调节烟气流量和流速的，在停火后关闭烟插板可切断烟气流动，有利于炕体的保温。但是由于烟插板的密封技术尚待完善，所以对于烟插板的使用一般不做统一要求。

炕面板：是炕体表层部分，对炕体起到良好的封闭作用。

(2) 节能炕的技术特点

1) 提高了炕体热能利用率

节能炕底部架空，使炕体由原来的一面散热改为上、下两面散热，把原来落地式炕通由底部垫土传导损失的热量散入室内，提高了室温和火炕的热效率。同时，节能炕采用了较大面积炕板，炕内只有几个支撑点，取消了前分烟和落灰膛，使烟气流道截面积增加30%以上，有效地降低了烟气流速。烟气在无阻挡和无炕洞、无分烟阻隔的情况下，迅速扩散到整个炕体内部，并与炕体进行热交换，保证了足够的换热时间，使炕体受热均匀，使得热量增加。据实测，在不增加辅助采暖设施，不增加燃料消耗量的情况下，节能炕和传统火炕相比，可使室温提高 $4 \sim 5℃$。

2) 提高了炕面均温性能

传统火炕由于炕洞、堵截等限制，易形成炕头热、炕梢凉，中间热、上下凉，一条热、一条凉等弊病，节能炕通过取消小炕洞和炕内不合理设施(如前分烟等)、调节炕面泥的厚度等办法较好地解决了这一问题。

3) 提高了炕体保温性能

节能炕不但要有一定的升温性能和均温性能，更要有一定的保温性能，使炕体降温慢，热的时间长。节能炕通过增设烟气保温插板和铁灶门以及在炕内的冷墙部位50mm厚的保温墙等方法，减少了热损失。

2. 节能炕面积确定与工作流程

根据房屋热量需求与节能炕发热量之间的计算。一般来讲，节能炕表面面积达到房屋地面积的二分之一，就可以满足整个房间的取暖了。因为节能炕炕底和侧炕墙都能散热，所以实际散热面积已经并远远超过二分之一了，已经足以满足冬天屋内的取暖需求（见图2-13）。

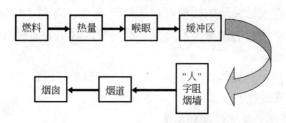

图 2-13　节能炕的工作流程图

燃料经过充分燃烧产生的热量，经过喉眼到达缓冲区，缓冲区是一个长方体扁盒子，在边沿处做出较大坡度，热量并不是直接进入炕体内部，而是先进入缓冲区，将气流进行疏导、缓解，而且可以增大发热面积，避免炕头热的现象。气流从缓冲区出来后，到达人字形阻隔墙，气流从人字形阻隔墙分两路分流，一方面可以减轻排烟阻隔墙的气流压力，另一方面，人字阻隔墙将气流逼到炕梢死角，使死角也能获得热量。气流通过人字阻隔墙后，进入排烟道，通过烟囱将烟气排出。

3. 节能炕材料的选择

（1）炕板

作为炕板材料，石板最理想，其次为混凝土板，性能也优于砖和土坯。石板虽好，但受材料来源限制，不易大面积推广，因此节能炕除在有资源地区采用石板外，可采用混凝土板。

若采用混凝土炕板，则所用材料的标准和要求如下：水泥要求

22.5 级、32.5 级，出厂日期在 3 个月内；砂子要求是水洗的中粗砂，使用时无杂草、无土；石子要求碎石或卵石直径为 15～30mm。混凝土炕板中水泥、砂、石子的配合比要求为：如果采用 22.5 级水泥打炕板，其水泥、砂子、石子可按 1∶2∶2 合成；如果采用 32.5 级水泥打炕板，其水泥、砂子、石子可按 1∶2∶3 合成。

炕板尺寸：取用户炕长的实际尺寸减去 50mm 除以 3，便是一块炕板的长；板宽为 600mm，厚为 50mm，这样规格的炕板需 15 块。再取炕板长乘以宽 500mm，厚为 50mm，这样尺寸的炕板需 3 块。也就是(炕长尺寸－50mm)/3×600mm×50mm，这样的炕板合计 15 块。(炕长尺寸－50mm)/3×500mm×50mm，共 3 块。使用时，炕底板用 600mm 宽的 9 块，炕面板用 600mm 宽的 6 块，500mm 宽的 3 块。整个架空火炕上下板合计为 18 块。钢筋直径宜为 4～6mm，一般炕板尺寸为 900mm×500mm×50mm。浇筑板后养护期必须在 28 天以上。

(2) 支柱

支柱有红砖和 PVC 管两种。炕内用红砖，炕边缘用浇筑水泥的 PVC 管。

制作 PVC 支柱，可用切割机将 PVC 管截断，长约 250mm，然后浇灌水泥，晾干时间为 3 天。一个节能炕使用的 PVC 支柱数量为 6～8 个。

以一台长为 3m、宽 2m、高 0.7m 的节能炕为例，材料总计为 1m³ 中砂土、0.6m³ 黏土、200～600 块砖、2～6 袋 32.5 级水泥、0.3～0.8m³ 中砂、0.2m³ 细炉灰、50～70 片瓷砖、麦秸或稻草若干、24 块水泥预制板。

4. 节能炕的建造过程

(1) 地面处理

节能炕的底部用几个立柱支撑水泥预制板而成。这几个与地面接触的立柱承受力很大，如地面处理不实、局部出现下沉的现象，就会使整个炕体或局部出现裂缝，影响火炕的热度，甚至造成烟中毒。所以，必须将支点以下的基础处理好，不能出现下沉现象。地面应该用混凝土砸实、抹平,待坚固后方可。

(2)安装支柱

在砌筑节能炕时,首先要按事先准备好的炕板大小确定放线位置。操作顺序:用尺量出每块炕板的长、宽尺寸,然后在炕下地面上用笔打出每块炕板位置的格,使每块炕底板位置清楚、准确,要求每个立柱正好砌在炕板交叉点的中心位置上。砌筑炕底板支柱时,其底板间缝隙应对准立柱的中心线,中间支柱平面的1/4正好担在底板角上。砌筑时要拉线,炕梢和炕上的灰口可稍大一些,炕头和炕下的灰口可稍小一些,使炕梢稍高于炕头,炕上稍高于炕下,高低差为20~30mm。底板支柱为120mm×120(或240)mm×(350~370mm)(长×宽×高)。如图2-14、图2-15所示,图中共有16个炕

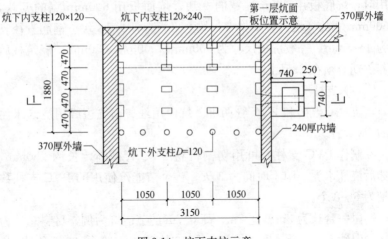

图2-14 炕下支柱示意

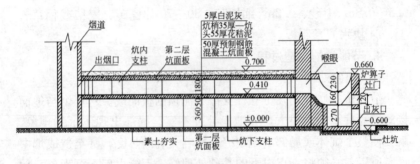

图2-15 节能炕灶剖面1—1示意

支柱，7个炕外支柱。炕里靠墙的支柱有4个，高度内为350~370mm，砌筑的时候要用拉线法，保持水平，炕内支柱材料用砖头即可，依次安装好炕里的16个支柱后，再安装炕外的支柱，炕外支柱用PVC水泥管支柱代替，目的是为了美观，安装的时候要把PVC支柱的底部修平。

支柱安装完毕后，要清扫炕底地面，将施工的废料、废渣清扫干净。

(3) 第一层炕面板的铺设和密封

安放炕底板时要先从里角开始安放，先把泥抹在四个支柱表面上，安放炕底板时要稳拿稳放，接着再依次沿着里角放置第二块底板，同样用手按实。底板间的缝隙正好对准支柱顶面的中心，支柱顶平面的四分之一正好要搭在底板的一角上，待平稳牢固后方可再进行下一块。全部放好后，压平整，炕面板之间会有缝隙，此时，要做好封闭工作，使用1∶2的水泥砂浆沿底板缝隙勾缝。

(4) 炕内冷墙保温层

与炕接触的外墙体为冷墙，对这部分墙体要采取保温处理，避免因上霜、挂冰、上水和透风造成灶不好烧或火炕不热。砌筑炕内这部分围墙时，要用立砖、坐灰口、横向砌筑，并与冷墙内壁留出50mm宽的缝隙，里面放入珍珠岩或干细炉渣灰等保温耐火材料，再用木棍捣实后用细草砂泥抹严(如图2-16所示)。保温层的高度为炕头18cm，炕梢20cm。

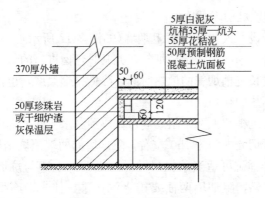

图2-16 炕内冷墙保温层

(5) 砌筑炕墙

做好了冷墙保温层后,要依次砌筑其余三面炕墙,先砌筑炕外墙,要横砖砌筑,高度与保温层高度一致,如果镶瓷砖,要事先量好瓷砖的尺寸,避免出现镶瓷砖不合适的现象。其余两侧的炕墙要处理好与进出烟口的衔接部位,用水泥砂浆坐口、立砖砌筑。

炕墙砌筑完毕后,用花秸泥(花秸泥是用黏土、砂子按1∶5加少量麦秸和成,花秸泥张力较强,可以防止炕面裂缝)把底板和四周炕墙全部封好,四个炕角为圆角,而不是方角,有利于烟气在炕体内流通,另外,为了做好喉眼与炕体的衔接,使用一块瓷砖垫放在喉眼底部,用花秸泥糊好,然后整个炕体完成封闭工作,不得出现底板漏烟现象。

最后,在炕表面铺上一层中砂与干炉灰的混合体,可以蓄热,也可以防止炕面裂缝。

(6) 砌筑炕内支柱砖

炕内支柱砖的多少决定于炕面板的大小。在摆炕内支柱砖前,也可先在炕底板上层放上一层干细炉渣灰(用筛子筛好)找平后再摆炕面支柱砖。炕内中间的支柱砖可比炕上炕下两侧的支柱砖低 10～15mm。同时在冷墙体的里壁或其他墙体处砌出炕内围墙,既做炕面板支柱,又做冷墙体的保温墙体。火炕炕内支柱砖的高度为 120mm×120mm×炕头 180mm(炕头 160mm)(长×宽×高)。

(7) 砌筑炕梢阻烟墙

炕梢增设"人"字形后阻烟墙(如图 2-17 所示),使炕梢烟气不能直接进入烟囱内。炕梢烟气,尤其是烟囱进口的烟气由急流变成缓流,延长炕梢烟气的散热时间,降低排烟温度,也排除了炕梢上下两个不热的死角。

节能炕炕梢"人"字阻烟墙可做成预制水泥件,也可用红砖砌成。人字阻烟墙内角为 150°左右,阻烟墙的两端距炕梢墙体 270～340mm。半铺炕可适当掌握尺寸。阻烟墙的上边与炕面接触的部分要密封严格,阻烟墙两面要用水泥抹平、抹光,不得出现跑烟现象。

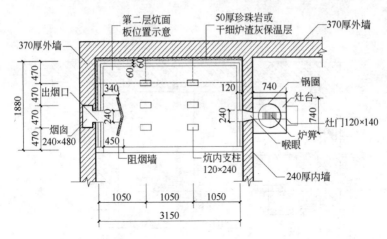

图 2-17 炕内支柱及阻烟墙示意

(8) 第二层炕面板的铺设

安放第二层炕面板方法与安放第一层炕面板相同，采用草砂泥，把四周的炕内围墙顶面抹上一层泥，使炕面板与墙体接触部分用草砂泥粘合。

(9) 炕沿

第二层炕面板安放好之后，用横砖沿着炕外单铺一层红砖作为炕沿。

(10) 抹炕面泥

炕面泥要求抹两遍。第一遍为底层泥，可采用花秸泥，抹炕面泥时要找平、压实；炕头厚度为 55cm，炕梢厚度为 35cm。第二遍泥等到第一遍泥干到八成时就可开抹，采用白泥灰，白泥灰厚度为 5mm。

(11) 炕墙镶瓷砖

为了美观，要在节能炕的周围镶上各式风格的瓷砖，起到装饰效果。要求缝隙对齐、表面平整、养护 7～10 天后方可正常使用。

5. 几种不同类型高效预制组装架空炕连灶示意图

(1) 烟囱所在位置不同的几种砌法 (图 2-18～图 2-21)

(2) 迴龙式架空火炕的几种砌法 (图 2-22～图 2-25)

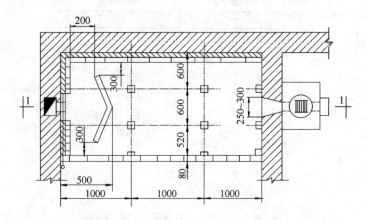

图 2-18 高效预制组装架空炕连灶烟囱在中间砌筑平面图示意

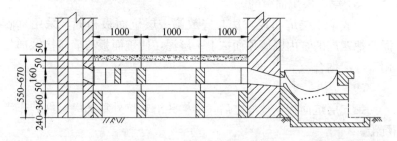

图 2-19 高效预制组装架空炕连灶烟囱在中间砌筑 1—1 纵剖面图示意

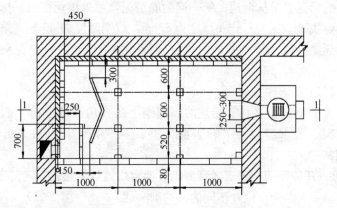

图 2-20 高效预制组装架空炕连灶烟囱在炕上角砌筑平面图示意

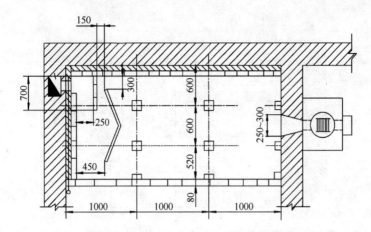

图 2-21 高效预制组装空炕连灶烟囱在炕下角砌筑平面图示意

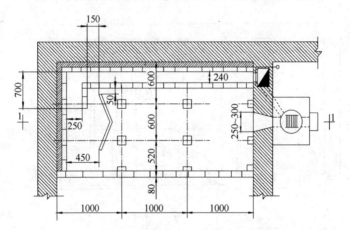

图 2-22 高效预制组装迴龙式架空炕连灶砌筑平面图示意

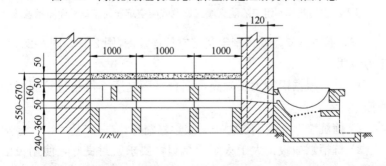

图 2-23 高效预制组装迴龙式架空炕连灶砌筑 1—1 纵部面图示意

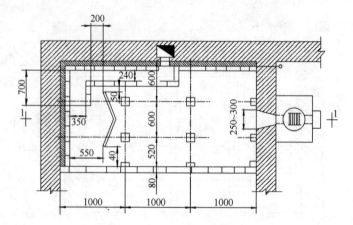

图 2-24　高效预制组装半迥龙式架空炕连灶砌筑平面图示意

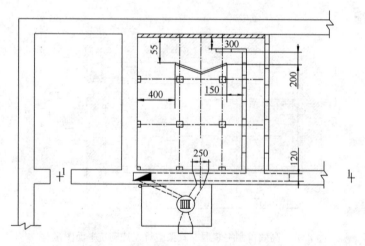

图 2-25　高效预制组装隔墙火墙式迥龙式架空炕连灶砌筑平面图示意

(3) 不同类型高效预制组装架空炕连灶图(图 2-18～图 2-25)中序号说明。

1) 灶：根据锅的大小确定，锅台平面高度不得超过炕面板的底面；

2) 前炕墙：立砖砌筑，正面镶彩色瓷砖；

3) 炕梢烟插板：大于火炕排烟口，要求密封良好，使用灵活方便；

4) 烟囱：内部尺寸 240mm×120mm 或 180mm×180mm 或直径 160mm；

5) 炕梢分烟墙：预制件或立砖砌筑，尺寸：每边 420mm×160mm×50mm；

6) 保温墙：立砖砌筑、保温层缝隙 40~50mm，内填珍珠岩或干细炉渣等保温材料；

7) 灶进烟口：高 80~100mm、宽 180~200mm，要求里口大，呈喇叭形；

8) 炕面板支柱：120mm×120mm×160mm（炕梢）、180mm（炕头）；

9) 炕面板：尺寸同炕底板尺寸，计 6 块；炕板宽 500mm 的计 3 块；

10) 炕面抹面泥：抹面泥厚度：炕头 60mm、炕梢 40mm，平均 50mm；

11) 火炕排烟口：200mm×160mm（宽×高）；

12) 炕底板：尺寸：（炕全长－50mm）1/3×600mm×50mm，计 9 块；

13) 底板支柱：(120~240)mm×120mm×370mm（炕梢）、350mm（炕头）；

14) 迥龙式火炕立砖分烟死墙：要求密封良好、表面光滑；

15) 添柴（煤）口：高 130~150mm、宽 180~200mm，要增设灶门；

16) 隔墙火墙：内宽 240mm。

6. 节能炕使用注意事项

第一次使用时，一定要把炕面的水分全部烧干。每次添柴量不宜过多，防止灶内产生大量烟雾排不出去，及时清除灶箅子下面的灰，保证烧火时有足够空气进入炉灶助燃。要经常清理烟囱内积蓄物，一般来讲，烟囱里的积蓄物不容易清理。可在烟囱拐角处设置开关，用水泥板作为阀门，平时封闭，清理积蓄物时，再打开水泥板。要定期掏出烟囱内的焦油和碳粒，避免积蓄物遇到高温时被引燃。

7. 常见故障以及排除方法

(1) 故障一：灶门缭烟

现象：灶门有烟雾缭绕不散

原因：可能是由于灶膛处理不当积灰过多，空隙过小而导致

排除方法：及时清除多余的烟灰

(2) 故障二：灶门倒烟

现象：灶门有烟倒流冒出来

原因：炕内长时间不烧，湿度大、温度低

排除方法：查看烟囱是否过细、堵塞，如果有要及时排除

(3) 故障三：火炕没有抽力

现象：火炕没有抽力

原因：烟囱内径太细，排烟不畅、潮湿；炕体抹得不严，有透风之处

排除方法：炕体四面和上下面板一定要抹严密，不得有透风之处；烟囱出口要高出房脊50cm以上，烟囱内径要求在160mm以上。

2.2.2　燃池（地炕）式采暖方式

节能-4　燃池（地炕）式采暖技术

燃池（地炕）式的采暖方式较适用于严寒地区的广大农村（如吉林省的长白山区、黑龙江省大小兴安岭地区等）。这种采暖方式就是在整个居室的下面建一个地窖式大燃烧池。大燃烧池用稻草或锯末作燃料，通过微火阴燃，给室内地面加热。这种方式用价格低廉的稻草或锯末作燃料，最适合当前普通农家使用。大燃池热容量较大，蓄热能力较强，热效率高，经过测算，在寒冬季节里，可使室温达到15～18℃，并可保持房间内一定的热稳定性和均匀性，有益于人体健康。与其他取暖设备相比，使用烧稻草或锯末的燃池（地炕）式的采暖方式价格最低。建燃池，虽然一次性多投入一些建设费，但可永久受益，而且用节约下来的取暖费，5年后即可偿还投资。燃池（地炕）式采暖的添柴和清灰口设在屋外墙下，室内空气不会受到污染，有利于室内环境卫生和人体健康。夏季燃烧室内停

火,其内的阴冷空气与室内热空气可通过炕面进行对流换热,降低室内温度,起到了夏凉的效果。一个采暖期,一个大燃池可产出草木灰碳酸钾肥 $20m^3$。用草木灰施肥,土壤不板结;还可节约化肥,降低生产成本。

1. 结构组成(见图 2-26)

燃池(地炕)由燃池灶、燃烧室和烟囱组成。燃池灶是送进燃料、点火、清灰和出灰的出入口,由灶口、灶口盖板、上下阶梯构件组成。燃烧室是由防水地面、石料墙体、钢筋混凝土顶面板等构件组成。

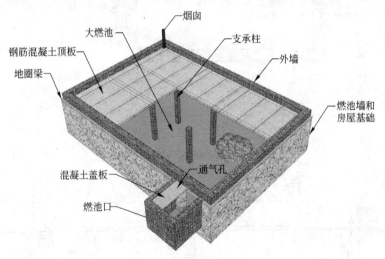

图 2-26 燃池(地炕)结构示意

2. 材料与施工过程(见图 2-27、图 2-28)

(1) 燃池口

在南向或北向的房墙外侧一头,与烟囱成为对角线的位置,从地基开始,用表面平而方正的皮石(俗称"面石")和耐火水泥沙浆,砌出 1.5m 长、1.6m 宽、1.8m 深的槽形坑:上口高出地平面 60mm,防止地面上的雨水淌入燃烧室内;侧面修洞口与燃烧室连通;墙的位置砌出供人上下的两步阶梯。再浇一个混凝土灶口盖板,盖板上留个直径 50mm 的通气孔,盖板上再盖一层有防水外皮的棉毡,加以保温。

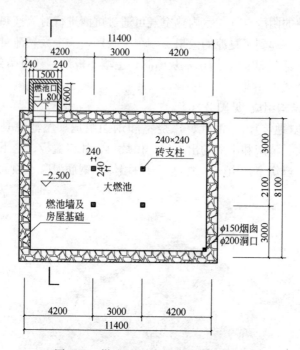

图 2-27　燃池(地炕)式采暖的平面示意

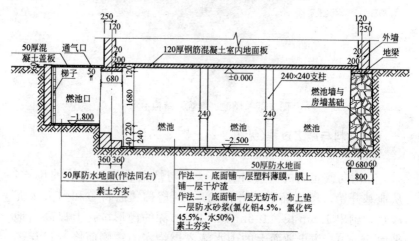

图 2-28　燃池(地炕)式采暖的剖面示意

（2）砌浇燃烧室

1）砌墙体和房墙基础

挖基槽按照房屋尺寸定位，在房屋四角设角柱，并在基槽以外设置龙门板。按照燃池墙体和房屋墙基础的深度、宽度和燃烧室容积的需要挖掘，取出土方后再把地基夯实。

砌燃池墙体和房屋墙基础在挖好的基槽内，用毛条石和耐火水泥砂浆砌出宽 680mm，高度比地平面低 120mm 的燃池墙体兼房屋墙基础（底部两边各宽出 60mm）。为防止墙身出现裂缝、下沉，要在燃池墙上浇筑厚度为 120mm，宽度同墙厚的地梁（如图 2-28 所示）。

2）铺防水地面

在底面土层上，铺 50mm 厚的防水地面。铺的方法有两种：一种是在底面上铺一层塑料薄膜，膜上铺一层干炉渣；另一种是在底面上铺一层无纺布，布上垫一层防水砂浆（氯化铝 4.5%、氯化钙 45.5%、水 50%）。如地下水位高，要在燃池墙外侧刷热沥青两道，冷底子油一道，铺一层油毡，即一毡二油，最外层抹水泥砂浆面。

3）浇顶板

顶板一般采用现浇钢筋混凝土实心板。它的特点是整体性好，容易适应不同平面形状、不同荷载的条件，同时对施工的设备要求也比较简单，但需要的模板较多。对于面积较大的燃池，要在池内立上几根支承柱。顶板周边搭入燃池墙内 200mm，顶板与炕墙缝要用水泥砂浆抹严，严防渗烟。在浇筑顶板的同时，在定位安放烟囱的板面上，留出个内径 150mm 的圆洞，作为燃池的出烟口。顶板上可铺地板革。

(3) 安装烟囱

烟囱的位置设在墙内，最好靠近南侧，这个位置便于烟囱保温，使它不受北面寒风的侵袭，又能得到阳光的照射。烟囱保温效果好，可保持强的排烟抽力，使炕好烧。

把内径 150mm 的烟囱缸管小头朝下，竖在顶板的出烟口上，经过隔墙直到出屋面 500mm 处。在室内烟囱中部，安个翻板式烟囱闸板，用以控制烟气排放量。对房脊上面的烟囱部位，用两个缸管套在一起，即用一个内径为 220mm 的粗缸管，套在内径 150mm 的细缸管外侧，两管之间的夹缝内，充填膨胀珍珠岩或干细炉渣，用以保温；并在其顶部，用水泥砂浆抹成斜坡面，以防雨水渗漏到夹缝内。

3. 燃池（地炕）式采暖的注意事项

（1）投料和点火

首先完全打开燃烧灶和烟囱闸板，再把整捆稻草点燃，扔到燃烧室里，人不进入燃烧室内，用铁叉把稻草推入燃烧室里即可，或者将锯末倒入燃烧池内，然后，先用盖板盖一大半灶口，留出通风豁口，使燃烧室内有一定数量的空气助燃。待点燃的稻草或锯末发出明火后，再盖全灶口盖板，只用盖板上的通气孔进空气助燃，使稻草或锯末在燃烧室内进行阴燃。待炕面热到30%～40%的面积时，视风力情况，调节烟囱闸板的开合度。

（2）清灰

如果使用稻草，约经2个月的时间，燃烧室内灰垢顶面距炕内表面300mm时，需要进行清灰。在清灰时，要完全打开窑口和烟囱闸板，先进行通风换气。约待1小时后，把燃烧室内的二氧化硫、一氧化碳等有害气体放净，人再进入燃烧室内去清除灰垢，严防一氧化碳中毒恶性事件的发生。清灰方法是先用铁锹把灰装入灰袋里，再一袋一袋地拖出燃池外。如果使用锯末，整个冬天都不必清灰，采暖结束后再进行清理即可。

（3）取暖

在冬季采暖期，如果采用稻草，则可根据天气情况，对家庭住户，每天早晚各一次地向燃烧室内投入1～3捆稻草点燃，可在燃烧室内微火阴燃一昼夜，烧柴量的多少，以室温保持在15～18℃为准。如果采用锯末，一整池的锯末可以满足一个冬季的采暖。

3 沼气综合利用

3.1 农村户用沼气池

3.1.1 农村户用沼气池建造模式

我国户用沼气系统多属于地下水压式沼气发酵系统，可分为两大类，即静态沼气发酵系统和动态沼气发酵系统。静态沼气发酵系统的代表性池型是标准水压式沼气池，动态沼气发酵系统则以北方地区的旋流布料自动循环太阳能增温沼气池为代表。

标准水压式沼气池，池形为茶壶状，主要由进料间、发酵间、出料间（水压间）、导气管、天窗盖等构成，具有性能稳定、简单合理、受力均匀、整体强度好、施工方便、省工省料等优点。同时存在一些缺点，集中表现在：①易形成料液分层，出现"发酵盲区"和"料液短路"；②原料适应性产气率低，气压波动大；③出渣困难、管理不便等。

旋流布料自动循环太阳能增温沼气池是在旧池构成的基础上增置了旋流布料墙、水压酸化间、抽渣管、单向阀太阳能增温装置等构件。虽然其成本造价有所提高，施工难度有所增大，某些技术环节仍有待改进，但其性能稳定性明显优于标准水压式沼气池。表现在：①菌种自动回流，料液自动循环，实现自动破壳；②微生物富集增殖，保障菌种活度稳定；③两步发酵，解决了木质素等难分解料入池发酵完成后出料的问题；④太阳能自动增温实现常年产气；⑤消除了"发酵盲区"，克服"料液短路"等。

我国北方农村户用沼气普遍应用的模式有"三结合"、"四位一体"和"五配套"等。"三结合"模式是将沼气池、厕所、畜禽舍（圈）结合起来，使厕所和畜禽舍的粪便进入沼气池发酵，生产沼气、沼液和沼渣，改善农村庭院环境卫生，解决农户炊事照明用能和农业用肥问题。该模式逐渐被新型的模式所取代。

"四位一体"的生态温室模式，是以土地资源为基础、太阳能为动力、沼气为纽带，在农户庭院或田园，将日光温室、畜禽养殖、沼气生产和蔬菜、花卉种植有机结合，使四者相互依存，优势互补，构成"四位一体"能源生态综合利用体系，从而在同一块土地上，实现产气积肥同步，种植养殖并举，能源物流良性循环的沼气应用模式，该模式以 640m^2 左右的日光温室为基本生产单元，在温室内部的西侧、东侧或北侧建一座 20m^2 的畜禽舍和一个 2m^2 的厕所，畜禽舍下部建一个 8m^3 的沼气池。温室内在冬季温度也可保持在 10℃以上，解决了冬季反季节果蔬生产、畜禽舍保暖和沼气池增温产气等问题；同时温室内的畜禽给农作物供 CO_2 气肥，农作物光合作用又能增加畜禽舍内的 O_2 含量，促进畜禽生长；沼气池将畜禽粪便发酵转化，生产沼气、沼液和沼渣，分别用于农民生活、生产用能和农业用肥，达到能源高效利用，改善环境，促进生产，提高农民群众生活水平的目的。

"五配套"的生态果园模式从西北地区的实际出发，建立起生物种群互惠共生、相互促进、协调发展的能源—生态—经济良性循环发展系统。它以 0.33 公顷左右的成龄果园为基本生产单元，在果园或农户住宅前后配套一口 8m^3 的沼气池，一座 12m^2 的太阳能猪圈，一眼 60m^3 的水窖及配套的集雨场，一套果园节水滴灌系统。该系统以农户土地资源为基础，以太阳能为动力，以新型高效沼气池为纽带，形成以农带牧、以牧促沼、以沼促果、果牧结合，配套发展的良性循环体系。

除此以外，我国农业工作者还根据当地的生产实际，探索出诸多行之有效的沼气生态模式，如盛行南方地区的"猪—沼—果"、"猪—沼—菜"、"猪—沼—稻"等模式。这些模式都是以农户为基本单元，利用房前屋后的山地、水面、庭院等场地，建设畜禽舍、沼气池、果(菜)园，同时使沼气池建设与畜禽舍和厕所相结合，形成养殖—沼气—种植—加工"四位一体"的庭院经济格局，实现生态环境良性循环，农民收入持续增长。

3.1.2　农村户用沼气池设计及施工

节能-5　沼气池设计技术

1. 沼气池设计原则

合理的设计，可以节约材料、省工省时，是确保沼气池修建成功的关键。设计沼气池的主要原则如下：

(1) 技术先进，经济耐用，结构合理，便于推广。

(2) 在满足发酵工艺要求，有利于产气的情况下，兼顾肥料、卫生和管理等方面的要求，充分发挥沼气池的综合效益。

(3) 因地制宜，就地取材，力求沼气池池型的标准化、用材施工规范化。

(4) 考虑农村修建沼气池面广量大，各地气候、水文地质情况不一，既要考虑通用性，又要照顾区域性。

总之，沼气池的设计关键就是要以有利于进出料、有利于管理、有利于提高产气率和提高池温为原则。实践经验证明，沼气池的结构要"圆"（圆形池）、"小"（容积小）、"浅"（池子深度浅），布局方面，南方多采用"三结合"，北方多采用"四位一体"。

2. 沼气池设计参数

(1) 气压

农村户用沼气池气压和气流量的设计，应根据产气源到用气点的距离、用气速度等来确定输气管的大小。但是，农村户用沼气池比较复杂，很难达到定型和通用的目的。根据农村用气点都比较近的特点，农村户用沼气池的设计气压一般为 2000~8000Pa。

(2) 产气率

产气率是指每立方米沼气池 24 小时产沼气的体积，常用 $m^3/(m^3 \cdot d)$ 表示。农村户用沼气池产气率的高低，与发酵温度、原料的浓度、搅拌、接种物多少、技术管理水平等有关。根据经验，在常温条件下，以人、畜粪便为原料，农村户用沼气池设计产气率为 $0.20 \sim 0.40 m^3/(m^3 \cdot d)$ 之间。

(3) 容积

沼气池容积的大小主要根据用户发酵原料的丰富程度和用气量的多少而定。我国农村每人每天用气量为 $0.3\sim0.4m^3$,那么 $3\sim6$ 口人之家,沼气池建造容积为 $6\sim10m^3$。

(4) 投料量

投料量的多少,以不使沼气从进出料间排出为原则。沼气池设计投料量,一般为沼气池容积的 90%。

3. 农村户用沼气工程施工

节能-6　沼气池施工技术

沼气池必须抗渗漏和气密性均好。要达到结构安全、不漏水、不漏气、寿命长的目的,除了科学合理的设计以外,施工技术和质量也非常重要。本节主要阐述施工中需要注意的具体细节和事项。

(1) 选定池型

我国科研人员设计出了一套农村户用沼气池标准图集以及质量检查验收标准和施工操作规程,也就是国家标准 GB/T 4750—2002、GB/T 4751—2002、GB/T 4752—2002。

建沼气池,首先要了解各种池型的布局状况,因为布局合理是提高产气量的重要前提;其次要了解池型的日常管理操作是否方便,特别是排渣清淤是否容易;同时,池型要具备正常的新陈代谢,可混合使用杂草、秸秆,不造成短路,进出料口一旦发生短路,要有切实可行的排除方法;此外要根据家庭人口和饲养畜禽的数量、种类等情况来确定沼气池的容积,一般按每人 $1.3\sim1.5m^3$ 池容的比例来预算,比如,3 口之家选用 $4m^3$ 的池容,$5\sim6$ 人选用 $8m^3$ 的池容。养猪多、发酵原料充足的农户可适当增大池容。

农户建池,可以根据用户所能提供的发酵原料种类、数量和人口多少、地质水文条件、气候等特点,因地制宜地选定池型和容积。

(2) 建池时间的选择

建池时间的选择主要根据以下三个方面来考虑:

① 沼气池的发酵速度、产气率与温度变化呈正比关系。春夏季(上半年)气温逐渐升高,厌氧细菌逐渐活跃,沼气池发酵旺盛,

新池发酵启动比较快，产气率高；而秋冬季(下半年)气温逐渐降低，发酵由旺转缓。因此，从季节气温的升降看，应选择气温较高的春夏季节建池最好。

② 从降雨和地下水位升降的规律看，春夏季节雨水较多，地下水位升高，低洼地区建池会有一定困难，而秋冬季节则相反。所以，在低洼地区应选择下半年建池较好。

③ 从建材价格涨落情况看，上半年建池价格要比下半年低。因此，从经济角度来考虑，在上半年建池比较划算。

综合以上分析，选择上半年建池比较合适，但地下水位较高的地区，宜采用分期施工的方法，即上半年做好规划，下半年挖坑建池。

(3) 建池地址的选择

做到猪圈、厕所、沼气池三者连通建造，达到人、畜粪便能自流入池。池址与灶具的距离一般控制在 25m 以内；尽量选择在土质坚实、地下水位低、地势较高的地方建池。同时还要注意选择的地方要避风向阳、出料方便，并且能使运输车辆畅通。

(4) 施工工艺的选择

我国农村户用圆形(包括球形)沼气池施工工艺，有砌块建池、整体现浇建池和组合式建池三种。

① 砌块施工工艺。砌块建池具有以下优点：标砖、混凝土预制块都是规格化材料，为池型标准化创造了条件；施工简便，节约木材；适应于不同水位；可以常年备料，常年建池，加快建设速度。该方法节约成本，主池体各部位厚薄均匀，受力好、抗压抗拉性能好，可分段施工，缩短地下建池时间，利于地下水位高的地区建池。

② 混凝土整体现浇施工工艺。整体现浇池的整体性能好，质量稳定，使用寿命长。但是，混凝土现浇施工耗用的模板和人工较多，技术要求较高。此外，现浇施工要求一气呵成，不能间歇。实践证明，在地下水较高的地区使用该法施工要比预制件施工难得多。因此，预制件施工法要比现浇混凝土施工法更胜一筹。

③ 组合式建池是指池墙和池盖采用两种不同的施工工艺，例

如池盖现浇,池墙采用砌块建池。

施工工艺要考虑当地的建池材料、地质水文条件、施工习惯等,因地制宜地确定。

(5) 建筑材料的选择

建筑材料的费用约占建筑物造价的50%～60%,所以要尽可能地就地取材。选择砖、水泥、混凝土时要注意强度等级。

常用的水泥有硅酸盐水泥、普通硅酸盐水泥、矿渣硅酸盐水泥、火山灰质硅酸盐水泥及粉煤灰硅酸盐水泥。

石灰在使用前,一般先加水,使之消解为熟石灰,主要用作砌筑砂浆和密封砂浆。

建造沼气池的石材其耐水性应取0.85～0.90。

混凝土要注意配合比及获得的强度等级、抗渗抗冻等级。

(6) 土方工程

《户用沼气池施工操作规程》(GB/T 4752—2002)适用于《户用沼气池标准图集》(GB/T 4750—2002)施工的沼气工程。

1) 池型开挖

沼气池池坑开挖时,首先要按照设计尺寸放线,放线尺寸为:池身外包尺寸+2倍池身外操作现场尺寸+2倍放坡尺寸。

① 池址在无地下水、土具有天然湿度、池坑开挖深度小于表3-1所规定的允许值,或有地下水、池坑开挖深度小于表3-1的允许值时,可按直壁开挖池坑。

直壁开挖的最大允许高度　　　　　　　　　　表3-1

土的类型	直壁开挖的最大允许高度(m)	
	无地下水,土具有天然湿度	有地下水
在堆填的砂土和砂石土内	1.00	0.60
在亚砂土和亚黏土内	1.25	0.75
在黏土内	1.50	0.95
在特别密实的土层内	2.00	1.20

② 当土具有天然湿度,土质构造均匀,水文地质良好,无地下水,池坑开挖深度小于5m,或者当沼气池建在有地下水、池坑开挖深度小于3m时,边坡的最大允许坡度应符合表3-2的规定。

边坡坡度表 表3-2

土的类型	边坡坡度		
	人工挖土并将土抛在沟槽的上边	机械挖方	
		在沟槽或者沟底挖土	在沟槽或沟上边挖土
砂土	1∶1	1∶0.75	1∶1
亚砂土	1∶0.67	1∶0.50	1∶0.75
亚黏土	1∶0.50	1∶0.33	1∶0.75
黏土	1∶0.33	1∶0.25	1∶0.67
含砾石、卵石土	1∶0.67	1∶0.50	1∶0.75
泥炭岩、白垩土	1∶0.33	1∶0.25	1∶0.65

2）池坑开挖放线

进行直壁开挖的池坑，为了省工、省料，应利用池坑土壁做胎模。

① 圆筒池，上圈梁以上部位按放坡开挖的池坑放线，圈梁以下部位按模具成型的要求放线。

② 球形池和椭球形池的上半球，一般按直径放大1m放线，下半球按池型的结构尺寸放线。

③ 砌块沼气池池坑，按《户用沼气池标准图集》（GB/T 4750—2002）的几何尺寸，加上背夯回填土15cm宽度进行放线；土好时，将砌块紧贴坑壁原浆砌筑不留背夯位置。

④ 池坑放线时，先定好中心桩和标高基准桩。中心桩和标高基准桩必须牢固不变位。

3）池坑开挖要求

池坑开挖应按照放线尺寸，开挖池坑不得扰动土胎模，不准在坑沿堆放重物和弃土。如遇到地下水，应采取引水沟和集水井等排水措施，及时将积水排除；做到快挖快建，避免雨水侵袭。

4）特殊地基处理

① 淤泥。淤泥地基开挖后，应先用大块石压实，再用炉渣或碎石填平，然后浇筑1∶5.5水泥砂浆一层。

② 流砂。流砂地基开挖后，池坑底标高不得低于地下水位0.5m。若深度大于地下水位0.5m，必须采取池坑外降低地下水位的技术措施，或迁址避开。

③ 膨胀土或湿陷性黄土。应更换好土或采取排水、防水措施。

(7) 施工工艺及操作

以下分别介绍三种施工工艺的操作要点：

整体现浇混凝土沼气池的施工

1) 抽槽土胎模浇筑法

按《户用沼气池标准图集》(GB/T 4750—2002)的尺寸放线抽槽取土。先挖水压间池墙沟土，并修整好表面。浇筑水压间池墙混凝土。待混凝土强度达到设计强度70%后，取水压间中心土，同时挖取发酵间池墙土槽，修整池盖土胎模，刷上隔离剂，并将进、出料管沟槽挖通。待进、出料管安装就位后，一次浇筑池墙、圈梁和池盖混凝土。当混凝土强度达到设计强度的70%后，由活动盖口取出池芯土，然后浇筑池底和水压间底板混凝土。再做内密封层的施工。

2) 大开挖支模浇筑法

按照《户用沼气池标准图集》(GB/T 4750—2002)的尺寸，挖掉全池土方。池墙外模，利用原状土壁。支模后浇筑混凝土，浇捣要连续、均匀对称、振捣密实、浇捣程序由下而上。池盖顶面原浆压实抹光。

① 支模

外模：圆筒形沼气池的池底、池墙和球形、椭球形沼气池下半球的外模，对于适合直壁开挖的池坑，利用池坑壁作外模；土胎模的成型应由小变大，逐步修整。并将土模表面刮平，或粉一层好土，保持湿润。

内模：圆筒形沼气池的池墙、池盖和球形、椭球形沼气池的上半球内模，可采用钢模、木模或砖模。砌筑砖模时，砖块必须浇水湿润，保持内潮外干，砌筑灰缝不漏浆。

② 混凝土的材料要求。优先选用硅酸盐水泥，也可以用矿渣硅酸盐水泥和火山灰质硅酸盐水泥。水泥强度等级大于等于42.5级，结块水泥不准使用。宜采用中砂，要求不含有机杂物，水洗后含泥量不大于3%，云母含量小于0.5%。采用粒径0.5~2.0cm碎石或卵石，级配合理，孔隙率不大于45%；针状、片状小于15%；

压碎指标小于 10%～20%；泥土杂质含量用水冲洗后小于 2%；石子强度大于混凝土强度 1.5 倍。选择饮用水拌合。

③ 混凝土按配合比拌制，人工拌制时，每立方米混凝土的水泥用量不少于 275kg。新拌制混凝土的坍落度应控制在 4～7cm。

④ 混凝土浇捣前，应清除杂物，将模板浇水湿润。

混凝土浇捣采用螺旋式上升的程序一次浇捣成型。要求浇捣密实，无蜂窝麻面。振捣时注意快插慢拔。

⑤ 养护。要求在平均气温大于 5℃ 的条件下进行自然养护。外露的现浇混凝土应加盖草帘浇水养护：硅酸盐水泥拌制的混凝土，应在浇捣完毕 12 小时后连续潮湿养护 7 昼夜以上；矿渣硅酸盐水泥和火山灰质硅酸盐水泥拌制的混凝土，应在浇捣完毕 20 小时后连续潮湿养护 14 昼夜以上；混凝土施工中掺入塑化剂时，连续养护时间不得少于 14 昼夜。

⑥ 拆模。拆侧模时混凝土的强度应不低于混凝土设计强度的 40%；拆承重模时混凝土的强度应不低于混凝土设计强度的 70%。

⑦ 回填土。回填土应以好土对称均匀回填，分层夯实。而拱盖上的回填土，必须待混凝土达到 70% 的设计强度后进行，避免局部冲击荷载。

砌块沼气池的施工

1）砌块沼气池所用材料要求

所用材料要求除应符合《户用沼气池标准图集》（GB/T 4750—2002)的技术要求外，还应满足相应要求。

2）池底施工

将池基原土夯实，铺设卵石垫层，浇捣 1∶5.5 的水泥砂浆，再浇筑池底混凝土，振实压光，抹成池底曲面形状。

3）池墙砌筑

采用"活动轮杆法"砌筑圆筒形池墙。应注意如下几点：

① 砌块先浸水，保持面干内湿。

② 砌块砌筑应横平竖直，内口顶紧，外口嵌牢，砂浆饱满，竖缝错开。

③ 注意浇水养护砌体，避免灰缝脱水。

④ 若无条件紧贴坑壁砌筑时，池墙外围回填土必须回填密实。回填土含水量控制在20%～25%之间，可掺入30%的碎石、石灰渣或碎石砖瓦块等；对称均匀回填夯实，边砌筑边回填。

4）进、出料管施工

进、出料管与水压间的施工及回填土，应与主池在同一标高处同时进行，进、出料管插入池墙部位按《户用沼气池标准图集》(GB/T 4750—2002)用混凝土加强。

5）圈梁施工

在砌好的池墙上端，做好砂浆找平层，然后支模。当采用工具式弧形木模时，应分段移动浇灌低塑性混凝土，捣实抹光。

6）池盖砌筑

待圈梁混凝土达到70%强度后，方可砌筑池盖。采用"无模悬砌卷拱法"施工。

组合式沼气池的施工

常见的组合式沼气池是池墙砌模现浇和池拱砌块。在土质较好的地区，这种施工方法具有省工、省料、省模板、施工方便、质量好的优点。在具体施工中，需要注意以下几点：

① 按设计图尺寸，沼气池直径放大24cm（池壁浇灌混凝土厚度为12cm）大开挖图，池壁要求挖直、挖圆。

② 画好池墙内圆线，依线砌砖模墙；每砌20cm高砖模墙后，贴土油毡或塑料膜（作隔离膜），浇灌一次混凝土，分层浇灌、分层捣固。捣固要密实，不留施工缝。砖模的坐浆，用黏性黄泥浆较好，便于脱模。

③ 池墙与池拱的交接处，做12cm宽、12cm高的混凝土圈梁，以利于加固池拱。

④ 池拱，用标砌砖采用"无模悬砌卷拱法"施工。

(8) 密封层施工

采用"三灰四浆工作法"施工。

1）砌块沼气池密封层的施工

① 基层用水灰比为0.4的纯水泥浆均匀涂刷1～2遍。

② 底层抹灰，用1:3水泥砂浆抹底灰层5mm厚，初凝前反

复压实2~3遍。

③ 刷纯水泥浆1遍，要求同①。

④ 中层抹灰，用1∶2.5水泥砂浆，厚5mm，做法同②。

⑤ 刷纯水泥浆1遍，要求同①。

⑥ 面层抹灰，抹1∶2.5水泥砂浆，厚5mm，反复压实抹光，要求表面有广度、不翻砂、无裂纹。

⑦ 刷纯水泥素浆2~3遍，要求同①。

2) 现浇混凝土沼气池密封层的施工

要求与砌块沼气池密封层施工方法相同，只是减去中层抹灰层。

3) 密封涂料层施工

密封涂料层施工除采用"三灰四浆工作法"外，还可在面层抹灰后另做密封涂料层。

① 硅酸钠密封涂料。按层次顺序为水泥净浆、硅酸钠液交替涂刷3~5遍。要求涂刷均匀，不漏涂、不脱落、不起壳。

② 石蜡热熔密封涂料。要求涂刷部位内壁表面烘干，再将熔化后的石蜡液，多层、均匀的交叉涂刷，并用喷灯烘烤，促使石蜡溶液能渗入抹灰层毛细孔内部，起到填充密封作用。

③ 为提高贮气室的密封性能，可采用"夹层水密封"技术。

农村户用沼气示意图见图3-1。

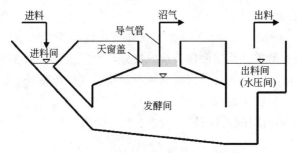

图3-1 农村户用沼气池示意

(9) 质量检查验收

按《户用沼气池质量检查验收规范》(GB/T 4751—2002)进行检查验收。凡符合要求，可交付用户投料使用。

3.1.3 沼气池配套设备及安全使用

1. 沼气池的配套设备

沼气池的配套设备包括输气管、导气管、连接软管、二通、三通、四通、弯头、异径接头、开关、压力表、积水器、安全阀、脱硫瓶、金属卡、调控器、沼气灶、沼气饭煲、沼气热水器、沼气灯等。

2. 安全使用

节能-7 沼气池安全使用技术

沼气的燃点为537℃，易燃易爆，一个火星就能点燃，而且燃烧温度高，可达1400℃，并释放出大量热量。在密闭状态下，空气中沼气含量达到10%~15%时，只要遇到火种，就会引起爆炸。因此，必须注意以下几点：

① 沼气用具远离易燃物品。沼气灯和沼气炉不要放在易燃物品附近，沼气灯的安装位置还应距离房顶远些，以防将顶棚烤着，引起火灾。

② 严禁在导气管上试火。沼气池边严禁烟火。检查池子是否产气，应在距离沼气池5m以上的炉具上点火试验，不可在导气管上点火，以防回火，造成池子爆炸。

③ 防止管道和附件漏气着火。经常检查输气管道、开关等是否漏气，如果漏气，要立即更换或修理，以免发生火灾。不用气时，要关好开关。厨房要保持通风良好，空气清洁。如在室内闻到臭鸡蛋味时，应迅速打开门窗或风扇，将沼气排出室外，这时不能使用明火，以防引起火灾。

④ 每年对输配系统进行一次气密性检测，如有漏气现象，即刻加以排除。

⑤ 开关使用半年左右，应在旋塞上加黄油密封和润滑；如旋塞磨损，不能与螺母密合，应进行更换。

⑥ 定期排除凝水器中的冷凝水。

⑦ 经常检查管道接头，发现松弛要重新接好；不合格的老化

管段，要重新更换。

⑧ 脱硫器使用半年左右，应对脱硫剂进行再生。

3.1.4 沼气池的维护管理

节能-8 沼气池维护管理技术

1. 日常管理

沼气池启动使用后，要想长期产气好，产气旺，必须加强日常管理。

① 勤加料，勤出料。发酵原料经沼气细菌发酵分解，逐渐地被消耗或转化。如果不及时补充新鲜原料，沼气细菌就会吃不饱、吃不好，产气量就会下降。为了使产气正常而持久，就要做到勤加料，勤出料。一般来说，户用沼气池正常启动使用2~3个月后，每天应保持20kg左右的新鲜畜禽粪便入池发酵。"三结合"沼气池每天有3~5头猪或1头牛的粪便入池发酵即可满足需要，平时只需加适量的水，以保持发酵原料的浓度。

② 强化越冬管理。越冬时，沼气池要做到"池内增温，池外保温"。就是在入冬前(10月底)多出一些陈料，多进一些牛、马粪等热性原料，防止沼气池"空腹"过冬；另外在入冬前要及时将与沼气池相连的日光温室或畜禽圈舍用塑料薄膜覆盖，进行保温越冬。

2. 安全发酵

沼气细菌接触到有害物质时就会中毒，轻者停止繁殖，重者死亡，造成沼气池停止产气。因此，不要向池内投入下列有害物质：各种剧毒农药，特别是有机杀菌剂、抗生素、驱虫剂等；重金属化合物、含有毒性物质的工业废水、盐类；刚消过毒的禽畜粪便；喷洒了农药的作物茎叶；能做土农药的各种植物，如苦皮藤、桃树叶、百部、马钱子果等；辛辣物如葱、蒜、辣椒、韭菜、萝卜等的秸秆；电石、洗衣粉、洗衣服水。如果发现中毒，应将池内发酵料液取出一半，再投入一半新料使之正常产气。

3. 安全管理

① 进出料口要加盖，防止人畜掉进池内伤亡。

② 每口沼气池都要安装压力表，经常检查压力表水柱变化。当产气旺盛时，池内压力过大，要立即用气、放气，以防胀坏气箱，冲开池盖造成事故。如果池盖已经冲开，需立即熄灭附近烟火，避免引起火灾。

③ 进出料要均衡，不能过大。如加料数量较大，应打开开关，慢慢加入。一次出料较多，压力表水柱下降到零时，也应打开开关，以免产生负压过大而损坏沼气池。

④ 寒冬季节，沼气池外露地面的部分要做好防寒防冻措施，以免冻裂，影响正常使用。

⑤ 进出料口应设置防雨水设施，一般高出地面100mm以上，并避开过水道，以防雨水大量流入池内，压力突然加大，损坏池子。

4. 安全检修

沼气的主要成分是甲烷、二氧化碳和一些对人体有毒害的气体如硫化氢、一氧化碳等。二氧化碳易积聚在沼气池底部，加之刚出料后池内缺乏氧气，还可能残余少量的硫化氢、磷化三氢等剧毒气体，所以，禁止人立即下池检查和维修。进行沼气池的维护必须采取安全措施。

① 下池前必须做动物试验。检修前，一定要揭开活动盖，使原料处于进料口和出料口以下，并设法向池内鼓风，促进空气流通；人下池前，必须把青蛙、兔子、鸡等小动物放入池内约20min，若小动物反应正常方可下池。否则，要加强鼓风，直到试验动物活动正常方可。

② 做好防护工作。下池时，为防止意外，要求池外有人照护，并系好安全带。入池人员如感到头昏、发闷、不舒服，要马上到池外休息。

③ 池内严禁明火照明。清除池内沉渣或下池检修时，不得携带明火和点燃的香烟，以防点燃沼气，引起火灾。如需照明，可用手电筒或电灯。

3.1.5 农村户用沼气经济效益分析

发展农村沼气，体现了显著的能源、经济、生态和社会效益，需要对其做出客观评价,规范评价指标和计算方法。下面以一个农村户用沼气池为例,从评价条件、评价指标和计算方法三个方面进行综合分析。

1. 评价条件

农村户用沼气池通过人畜粪便等有机物厌氧发酵,产生富含甲烷的可燃气体,同时产生沼液和沼渣作为农用有机肥料。为了评价的需要,我们假设以下前提条件：池型是 $8m^3$ 水压式沼气池,按照"三结合"的原则进行布局,使人畜粪便直接入池,常年存栏 3 头猪,常温发酵,全年正常运行,北方采用暖圈保温,使用寿命达到 20 年以上。在南方地区年产气量可达 $500m^3$ 以上,在北方地区只能达到每年 $300m^3$ 左右,全国平均年产气量约为 $385m^3$。

2. 评价指标

采用静态评价方法,不考虑管理费,从初始直接投入和直接产出入手,对其能源、经济和生态影响进行综合评价。

(1) 初始投入

目前,户用沼气池主要采用砖混结构和混凝土结构两种建池方法。初始投入主要是测算建池投资,分别从材料费、器材费和施工费三个方面测算。

(2) 产出与效益

从直接能源产出、直接经济效益、生态环境效益三个方面进行评价。

1) 直接能源产出

户用沼气池的直接能源产出是沼气,农户使用后,可以替代传统生物质能或商品能源,按照等量有效热替代的方法,计算其分别替代秸秆、薪柴、煤炭和液化气燃料的量。

2) 直接经济效益

户用沼气池的直接经济效益主要体现在能源效益和沼肥效益两个方面。能源效益为它所替代的秸秆、薪柴、煤炭和液化气燃料的经济价值。沼肥效益是由于沼气池的使用所带来的沼肥净增经济效益。沼肥与同等数量的粪尿类肥料相比,肥效提高,全氮、全磷、全钾的含量都有不同程度的提高,根据其提高的百分数折算成沼肥干物质中全氮、全磷、全钾增加的数量,用氮肥、磷肥和钾肥的市场价格计算出肥效提高的经济价值。

3) 生态环境效益

沼气池的生态环境效益主要从卫生效果和生态效益两个方面进行评价。

① 卫生效果

卫生效果采用与人畜疾病、疫病发病率有关的卫生指标进行评价,即沼气发酵料液中寄生虫卵阳性率、猪链球菌病、蛔虫病、钩虫病、肠道传染病、庭院蚊蝇孳生环境等指标。

② 生态效益

沼气池的生态效益主要采用保护林地指标、二氧化碳减排量、二氧化硫减排量三个指标进行评价。

3. 计算方法

(1) 初始投入

1) 砖混结构沼气池

户用沼气池的总投资为 1715 元。其中,材料费 843 元,占 49.2%;器材费 236 元,占 13.8%;施工费 636 元,占 37%。施工费中包含了技工费、土方费和小工费,一般土方和小工由农户自己或亲戚朋友承担,没有直接支出。这样一个砖混结构沼气池的直接初始投入为 1379 元,则材料费 843 元,占 61.13%;器材费 236 元,占 17.12%;施工费 300 元,占 21.75%。

2) 混凝土结构沼气池

总投资为 1680 元。其中,材料费 808 元,占 48.1%;器材费 286 元,占 17%;施工费 586 元,占 34.9%。同样,一般土方和小工由农户自己或亲戚朋友承担,没有直接支出,这样一个混凝土结构沼气池的直接初始投入为 1344 元,则材料费 808 元,占 60.12%;器材费 286 元,占 21.28%;施工费 250 元,占 18.60%。

(2) 产出与效益

1) 直接能源产出

$1m^3$ 沼气的低位发热值折合 0.714kg 标准煤。按一个户用沼气池年均产气量 385m³ 计算，则年开发能源折合 275kg 标准煤。按照沼气、秸秆、薪柴、煤炭、液化气燃烧时的热效率分别为 55%、20%、22%、25%、55%计算，取每千克秸秆、薪柴、煤炭、液化气低位发热值折合标准煤分别为 0.464kg、0.571kg、0.714kg 和 1.714kg，则 385m³ 沼气按照等量有效热计算，可分别替代秸秆 1630kg、薪柴 1204kg、煤炭 847kg、液化气 160kg。

2) 直接经济效益

据测算，户用沼气池的年直接经济效益可达 478.54 元以上，其中：能源经济效益可达 326 元，沼肥净增经济效益可达 152.54 元。

① 能源效益

按照等量有效热替代的方法计算所产沼气与其他能源形成的替代量，经济效益可达 326 元以上。如果分别替代秸秆、薪柴、煤炭、液化气，则分别节支 326 元、361 元、381 元和 885 元。

② 沼肥效益

据测算，沼肥净增经济效益可达 152.54 元以上。

一个 8m³ 的沼气池，年产沼渣 4745kg、沼液 21313kg。沼渣的干物质含量为 18%，沼液的干物质含量为 1%，则沼肥的干物质质量为 1067kg。沼肥中全氮、全磷、全钾含量平均值分别为 6.35%、1.09%、4.64%；而一般粪尿类肥料全氮、全磷、全钾含量平均值为 4.7%、0.79%、3.03%，可见沼肥与同数量的粪尿类肥料相比，全氮、全磷、全钾含量分别提高了 1.65%、0.3%、1.61%，相当于分别增加了全氮 17.6kg、全磷 17.2kg、全钾 17.2kg。按国内市场含氮 46%的尿素价格为 1900 元/t，含磷 46%的五氧化二磷价格为 2000 元/t，含钾 60%的氯化钾价格为 2300 元/t 计算，那么增加的全氮、全磷、全钾的价值分别为 72.70 元、13.91 元和 65.93 元，共计 152.54 元，即沼肥净增效益为 152.54 元。

如果按照沼肥中全氮、全磷、全钾的含量分别为 6.35%、1.09%、4.64%计算，相当于全氮 67.75kg、全磷 11.63kg、全钾 49.51kg，折合全氮、全磷、全钾价值分别为 279.84 元、50.57 元和189.79元,共计520.2元,即沼肥总量效益为520.2元。

3)生态环境效益

① 卫生效果

沼气池阻断了疫病传播渠道,对防控人畜疾病、疫病有显著效果。例如,2005年4月发生在四川省资阳县的猪链球菌病,已建沼气户中,猪和人无一例感染。2005年5~11月,中国疾病预防控制中心健康教育所在河北、江西、陕西、贵州四省对农村沼气卫生效果进行了入户调查,共抽取样本量为1619户,其中,建沼气户1209户,未建沼气户410户。结果显示,运行3个月以上的沼气池发酵液中的寄生虫卵阳性率为零,达到了粪便无害化的国家标准。未建沼气户蛔虫病、钩虫病、肠道传染病患病率分别是已建沼气户的2.9倍、3.92倍和9.86倍。已建沼气户中未发现蛲虫病患者。未建沼气户庭院蚊蝇孳生环境发生率是已建沼气户的2.03倍。

② 生态效益

每个沼气池年节约薪柴1204kg,约相当于保护0.22公顷林地;一个沼气池年节约煤炭847kg,折合605kg标准煤,按每千克标准煤减排二氧化碳2.664kg计算,则每年可减排二氧化碳1612kg。按每千克标准煤减排二氧化硫0.0224kg计算,则每个沼气池年可减排二氧化硫13.6kg。

客观评价户用沼气池的综合效益对农村沼气池发展和生态家园富民工程建设有着重要意义。该方法适合在全国不同地区的沼气池效益评价中采用。

3.2　农村生活污水净化沼气池

3.2.1　农村生活污水的水质和水量

《全国环境统计公报(2007年)》关于当年全国废水排放有如下论述:

"2007年,全国废水排放总量556.8亿t,比上年增加3.7%。

其中，工业废水排放量246.6亿t，占废水排放总量的44.3%，比上一年增加2.7%；城镇生活污水排放量310.2亿t，占废水排放总量的55.7%，比上一年增加4.6%。废水中化学需氧量排放量1381.8万t，比上一年减少3.2%。其中，工业废水中化学需氧量排放量511.1万t，占化学需氧量排放总量的37.0%，比上一年减少5.8%；城镇生活污水中化学需氧量排放量870.7万t，占化学需氧量排放总量的63.0%，比上一年减少1.7%。废水中氨氮排放量132.4万t，比上一年减少6.3%。其中，工业氨氮排放量34.1万t，占氨氮排放量的25.8%，比上一年减少19.8%；生活氨氮排放量98.3万t，占氨氮排放量的74.2%，比上一年减少0.5%。工业废水排放达标率91.7%，比上一年提高1.0个百分点。工业用水重复利用率82.0%，比上一年提高1.4个百分点。"

我们不难看出：城镇生活污水排放量超过工业废水排放量，并且城镇生活污水中化学需氧量排放量超过工业废水中化学需氧量排放量。

农村生活污水较之城镇生活污水而言，无论在废水排放量还是在化学需氧量排放量上，理论上都应该更大。另外，农村生活污水面广量大，治理难度较大，在一些地方已经逐步发展成为主要污染源之一。农村生活污水中含有丰富的微生物尤其是细菌、病毒和原生动物，是一个很好的细菌繁殖场所。污水中所含固体性物质含量极少，同时又含有大量的含氮、含硫、含磷的有机物，厌氧性细菌容易使它们腐败，如果长期存贮堆积而不及时处理，容易造成蚊蝇孳生、臭气熏天，一方面对人们的居住环境造成不良影响，另一方面容易造成疫病流行。

农村生活污水长期以来没有得到有效的处理，在目前发布的《全国环境统计公报》中也没有可供参考的统计数据。但由于环境问题的凸显，区域性农村生活污水的治理已经逐渐得到重视。

2006年的中央一号文件突出强调了村庄人居环境治理，建设部《关于村庄整治工作的指导意见》明确要求各地从实际出发，制定村庄建设和人居环境整治规划，引导和帮助农民切实解决住宅与畜禽圈舍混杂问题，搞好农村生活污水与垃圾治理，改善农村人居环境,并将此作为社会主义新农村建设的一项重要内容与检验标准,促进农村地区社会经济的协调发展。

3.2.2 农村生活污水的收集和输送

农村生活污水一般以厨房、厕所和浴室产生的污水为主,收集和输送主要采用管道系统。农户厨房、厕所和浴室的下水管道与污水管道之间采用暗槽相连,并在入井口处另做格栅以隔除粗大颗粒物。然后,通过污水管道将生活污水输送至污水处理构筑物中进行处理。处理后的生活污水通过暂存构筑物,经由污水管道系统,最后进入农业灌溉管网系统对农作物进行施肥、灌溉。

3.2.3 农村生活污水净化沼气池的设计与施工

1. 农村生活污水净化沼气池的设计

(1) 概述

农村生活污水净化沼气池是一个集水压式沼气池、厌氧滤器及兼性厌氧塘于一体的多级折流式生物净化系统,根据农村生活污水的特点,把污水进行厌氧消化、沉淀、过滤等处理,其性能明显优于通常使用的标准化粪池。据统计,到2004年底,全国已建成农村生活污水净化沼气池13.7万处,年处理污水5亿多吨。通过推广农村生活污水净化沼气池处理技术,不仅能改善农村生态环境,减少疫病流行,而且也促进了卫生文明城镇的建设,从而实现经济、社会、生态的综合效益。

(2) 分类

农村生活污水净化沼气池采用"多级分流、分级处理、逐段降解"的方法,使农村生活污水达标排放。池型分为前处理区和后处理区。前处理区为厌氧发酵区,由两个或多个串联的沼气池组成,作用是分解污水中的有机物,除灭寄生虫卵、病原菌等,减少污泥积累;后处理区为好氧过滤区,为四级折流式生物滤池,主要功能是利用填料固着微生物,进一步降解废水中的有机物、悬浮物等。处理后出水用于农田灌溉或水产养殖等。依据原料来源方式的不同可将农村生活污水净化沼气池分为合流制和分流制两种工艺。

合流制工艺是将农村生活污水经过格栅去除粗大固体后,再经过沉砂处理,然后进入前处理区,原料在微生物作用下进行厌氧发酵,并逐步向后流动,上层清液进入厌氧滤器部分,附着于填料上的生物膜中的微生物将污水进一步厌氧消化,生成的污泥和悬浮固体在该区的后半部分沉降并沿倾斜的池底面滑回前部,再与新进入污水混合后进行发酵,经过水压间过滤,然后溢流入后处理区。后处理区为三级折流式兼性池,与大气相通,上部装有泡沫过滤板拦截悬浮固体,以提高出水水质。各级池体的形状,可根据工程地点条件选用圆形、方形和长方形等,后处理池内也可适当加入填料,各池的排列方式可根据地形条件灵活安排。见图3-2。

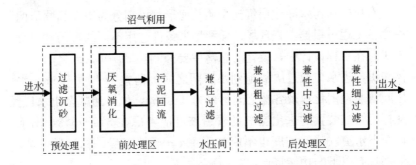

图3-2 农村生活污水净化沼气池合流制工艺示意图

分流制工艺是将农村生活污水X经过格栅去除粗大固体后,再经过沉砂处理,然后进入前处理Ⅰ区,原料在微生物作用下进行厌氧发酵,并逐步向后流动,进入厌氧滤器部分,附着于填料上的生物膜中的微生物将污水进一步厌氧消化,生成的污泥和悬浮固体在该区的后半部分沉降并沿倾斜的池底面滑回前部,再与新进入污水混合后进行发酵,经过水压间过滤,然后上层清液则溢流入前处理Ⅱ区,在这里与污水Y混合(进料浓度选配原则:X>Y),重复前处理Ⅰ区的消化过程,然后溢流入后处理区,进行好氧处理。前处理Ⅰ区和前处理Ⅱ区都是经过改进的水压式沼气池,后处理区为二级折流式兼性池,和大气相通,结构与合流制工艺后处理区相类似。分流制工艺具有对不同来源、不同浓度农村生活污水分类处理的独特能力。见图3-3。

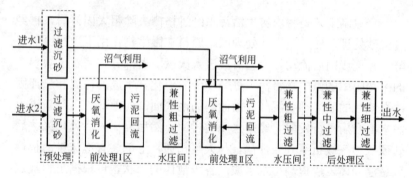

图 3-3 农村生活污水净化沼气池分流制工艺示意图

(3) 结构与功能

农村生活污水净化沼气池按照几何形状可划分为矩形和圆形两种,各工程可根据工程现场地面和地形条件选用不同的布局和组合方式。在工程设计中,装置的总落差要控制在 30~60cm 之间。具体来讲,进水口通过厌氧池到水压间之间的落差为 10~15cm,水压间与兼性消化池及各池之间落差为 2~5cm,依格递减至出水口。从排污管到装置的进出料池的管道坡度应考虑在 3‰~5‰,出水口至下水道安装的坡度也不应少于 1‰。虽然工程结构比较灵活,但都具有以下的功能特点:

1) 预处理区:预处理区主要包括格栅和沉砂池。格栅的主要功能是过滤大的固体渣滓,如杂草、布条、塑料袋和动物残体及纤毛等,栅格的间隙一般取 1~3cm 为宜。沉砂池的主要功能是去除易沉降的小颗粒固体渣滓,如砂石、炉渣、污泥和不能被格栅拦截的废弃物。

2) 前处理区:前处理区是污水进行厌氧消化的区域,厌氧池的有效池容约占总有效池容的 50%~70%,有机物在厌氧微生物的代谢作用下发生水解、酸化和产甲烷的复杂的生理生化反应。该区域在结构上采用折流板工艺来导流污水,延长污水在装置中的发酵时间。在该区的中后部还挂接了填料作为微生物的附着体,大大降低微生物的流失。在污水净化池中,将池底部设计成斜坡状,以便于污泥的沉降和回流再利用,对保存厌氧微生物和充分降解并消灭血吸虫、蛔虫等虫卵起到了积极的作用。在该区的水压间部分还安装了兼性粗过滤器,起到了进一步拦截活性污泥和过滤沉降悬浮物的作用。

3) 后处理区:后处理区是进行兼性消化的区域。由前处理区溢流过来的污水在这里通过粗、中、细三级过滤与好氧分解,使污水得到进一步的厌氧处理,最后由出水口排入下水道或农田。该区域应用折流式过滤消化方式,污水由下向上流过,无死区,不堵塞,各处理段与大气相通,各段中上部安装有不同空隙等级的兼性过滤层,用于截留悬浮固体,提高出水水质。

(4) 工艺选择与参数确定

研究表明,冬季地下水温能保持在 5~9℃ 以上的地区,均可使用农村生活污水净化沼气池来处理农村生活污水。

在工程设计中,首先要根据当地的污水排放量和温度因素来确定系统每日的进水量和污水在反应器中的停留时间。在这里要引入水力滞留期的概念。水力滞留期(HRT)是指一个消化器内的发酵液按体积计算被全部置换所需要的时间。水力滞留期的长短与微生物代谢繁殖的能力有关,这主要受厌氧反应器的工艺、当地的环境温度和污水的类别等因素的影响。根据专家经验,净化沼气池的水力滞留期一般不少于 3 天。在前后处理区容积分配上,分流制工艺为:前处理Ⅰ:前处理Ⅱ:后处理=4:3:3;合流制工艺为:前处理:后处理=6:4。

1) 有效池容(m^3)

$$V = QH/1000$$

式中　Q——进水量(升/天);

　　　H——水力滞留期(天)。

2) 总容积(m^3)

$$V_T = (k_1 + 1)V$$

式中　k_1——补偿系数,取 0.12~0.15。

3) 气室容积(m^3)

$$V_q = k_1 k_2 V$$

式中　k_2——前处理区容积比例系数,分流制为 0.7,合流制为 0.6。

2. 农村生活污水净化沼气池的施工

(1) 前期准备

工程施工前期的准备工作非常重要,是保证工程顺利进行的前提条件。

1) 技术规范

农村生活污水净化沼气池的施工和安装要参照《户用沼气池施工操作规程》(GB/T 4752—2002)、《混凝土结构工程施工质量验收规范》(GB 50204—2002)、《给水排水构筑物工程施工及验收规范》(GB 50141—2008)、《农村家用沼气管路设计规范》(GB 7636—1987)的标准要求。

2) 施工图纸

熟悉图纸:施工技术人员必须在施工前熟悉施工图中的技术要求,了解掌握工艺流程及装置各部分的功能特点。

图纸会审:一般先由设计人员对设计图纸中的技术要求和有关问题进行介绍和交底,对于各方提出的问题,经充分协商后将意见形成图纸会审纪要,由建设单位正式行文并由参加会议的各单位加盖公章,作为与设计图纸同时使用的技术文件。

作为农村生活污水净化沼气池的施工人员,在图纸会审时应注意以下几点:

① 将现场掌握的污水净化沼气池进出料口连接点与村镇污水管网接入点的标高复核情况作出说明,如有问题及时提交会议审议。

② 当污水净化沼气池埋置位置与地下管线和相邻建筑物的基础在间距、标高上发生冲突时,应提交会议审议。

③ 在熟悉图纸过程中有不明确或疑问的地方,及时向设计人员询问清楚。

④ 对图纸中的其他问题,能够提出合理化建议。

3) 施工方案

① 开挖方案:摸清土方放线范围内地下管线的分布情况,了解掌握净化沼气池基础与相邻建筑物基础以及地下管线的间距、标高及其相互关系,按照规范要求,初步确定净化沼气池的基础开挖

位置和土方开挖方案。

② 提交施工方案：根据现场情况、设计要求以及工程施工合同的约定，向建设单位和施工监理单位提交施工组织设计和施工方案。由于净化沼气池为单项工程建筑物，一般情况下，可用施工方案代替施工组织设计。施工方案主要包括：工程概况、主要施工技术和组织措施、施工进度计划、施工平面图和施工安全措施等。

4）申请许可，提供报告

施工方案完成后，应报建设单位和施工监理单位审核批准。同时还要向当地建设行政主管部门申请《施工许可证》。

做好施工现场设施的准备，包括临时设施、生活设施、水源、电源、道路和安全防火设施等。完成上述准备工作后，建设单位提交开工报告，待批准后方可进场施工。

5）材料准备

农村生活污水净化沼气池作为地埋式污水处理系统，主要以砖混结构为主。当使用混凝土材料时，应满足以下要求：

① 抗渗性：混凝土的抗渗能力一般采用抗渗等级来表示，符号为Pi，分别为P4、P6、P8、P10、P12五个等级。由于设备条件的限制无法进行抗渗试验或设计图中未作规定时，其混凝土材料应符合以下要求：水灰比不大于0.55；水泥宜采用普通硅酸盐水泥；骨料应选择良好级配；严格按照水泥用量，当采用32.5级水泥时，水泥用量不宜超过$360kg/m^3$。农村生活污水净化沼气池的混凝土抗渗等级不应低于P4。

② 抗冻性：在最冷时，月平均气温低于-5℃的寒冷地区，混凝土还应满足抗冻性能要求。当设备条件限制，混凝土抗冻等级试验有困难或设计图未作规定时，应采用强度等级不低于C20的混凝土，并应符合抗渗等级中对水灰比和水泥用量等要求。

③ 抗腐蚀性：农村生活污水净化沼气池的工作条件比较苛刻，为防止腐蚀性工作介质对池壁的侵蚀，池体内表面均需使用专用密封防腐涂料进行防腐处理，如UMP高分子涂料、JX-11涂料等。

④ 砌筑材料：农村生活污水净化沼气池使用砖石材料时，应使用普通黏土砖，强度等级不应低于MU7.5；石料强度等级不低

于 M20；砌筑砂浆要使用水泥砂浆。

(2) 工程施工

在建筑工程中的土方工程主要包括场地平整、基坑(槽)、路基和一些特殊地基的开挖、回填和压实等内容。

1) 地表清理和放线

在土方开挖方案确定并完成审批之后，即可开始清理放线。在开挖前，基坑应根据龙门板桩上的轴线，放出基坑的灰线和水准标志。不加支撑的基坑，在放线时应按规定要求放出边坡宽度。当池坑埋置不深，无地下水出现，天然湿度的土中开挖基坑和管沟时，施工可不放坡，不加挡土支撑，但应满足不同土质挖土深度要求。

2) 基坑土方开挖

在地面上放出灰线以后，即可进行基坑的开挖。根据设计图纸，校核灰线的位置、尺寸等是否符合要求。准备好土方开挖工具。开挖中要做到：

① 分层分段均匀下挖：基坑挖土一般要分层、分段、平均下挖，对于较深的坑每挖 1m 左右，应该检查通直修边，随时校正偏差。基坑开挖应连续进行，在短时间内完成。施工时，要防止地面水流入坑内，避免引起塌方或者基础遭到破坏。

② 检查有无埋设物：挖土时注意检查有无墓穴、弹头和其他埋设物，如果有，应及时汇报，以便检查清理。

③ 平底和修整基坑：基坑挖好后，将坑底铲平并预留出夯实高度，根据土质一般为 1~3cm，如土松软可预留 4~5cm。基土要夯实找平并削成反拱形池底。

④ 出坑土堆放：开挖基坑时，如果土方量不大，一般堆放在现场即可，堆放地点离坑边缘 1m 以上，堆置高度不宜超过 1.5m；如果土方量较大，除留足回填土量外，其余则考虑外运。

⑤ 基坑检查：基坑开挖完毕并清理好后，在基础施工前，施工单位应会同勘察、设计和建设单位共同进行验坑工作。

3) 特殊地基处理

① 松土坑(填土、墓穴、淤泥等)的处理：首先，要将坑中虚软土挖除，使坑底见到天然土为止，然后用与坑底天然土压缩性相

近的材料回填，回填时应分层(不大于20cm)洒水夯实；其次，在施工时如遇地下水位较高，或坑内积水无法夯实时，可用砂石或混凝土代替灰土网填；第三，为了防止地基不均匀下沉，在防潮层下可打钢筋砖圈梁或混凝土圈梁。

② 膨胀土(橡皮土)或湿陷性黄土的处理：一般采用晾槽或掺白灰粉的方法降低土的含水量，处理后再施工；如有地基已发生颤动现象的，应该用碎石或卵石将泥挤紧或将泥挖出，挖出部分应回填砂土或级配砂石。

4) 垫层施工

为了使基础与地基有较好的接触面，把基础承受的荷载比较均匀地传给地基，常常在基础底部设置垫层。再复核标高，并经建设方或施工监理单位现场审定后，即可进入垫层施工。

① 材料要求：垫层材料一般分为碎石、炉渣、大卵石和混凝土。农村生活污水净化沼气池宜采用混凝土垫层。混凝土垫层材料应满足：水泥采用强度等级为32.5级以上的普通硅酸盐水泥或矿渣硅酸盐水泥；砂子应选用中砂或粗砂，其含泥量不大于5%；石料应选用碎石或卵石，其粒径不大于垫层厚度的0.5倍。

② 施工方法：首先，基层要清理干净，并洒水湿润。再用水准仪测出垫层上标高，打入标高木桩，作为垫层高度的控制依据。标高木桩的间距不大于3m。然后拌制混凝土，按照设计配合比投料。每盘投料顺序为石子→水泥→砂子→水，搅拌时应严格控制水量，搅拌时间不少于90s；混凝土铺设时应连续进行，一般间隔不得超过2h。如果停工时间过长，应设施工缝或分块铺设；铺设后，用平板振捣器振捣至出浮浆为止。当垫层厚度超过200mm时，应采用插入式振捣器，移动距离不大于其作用半径的1.5倍；捣实后，用灰板刮平、挫平表面，然后检查平整度；混凝土铺设完毕后，应在12小时内用草帘覆盖浇水养护，养护时间不得少于7天。

5) 底板施工

① 材料要求：底板通常为矩形或圆形钢筋混凝土结构，水泥宜采用强度等级不低于32.5级的硅酸盐水泥或普通硅酸盐水泥。每立方米混凝土的用水量不超过360kg；钢筋则要按照设计图纸钢

筋表所标注的规格、尺寸和数量下料和弯制,弧形筋应按照设计半径准确成形,钢筋间距要符合设计要求,垫层钢筋为受力钢筋,其保护层厚度一般为30mm以上;砂用中砂,含泥量不超过3%;石材则采用碎石或卵石,最大粒径不超过底板厚度的1/4,含泥量不超过1%;水灰比不超过0.55。

② 施工方法:首先要进行模板拼装,拼装前校验垫层的平整度,不符合要求的用水泥砂浆找平,模板安装到位后,经检查校正,支撑牢固。同时将混凝土的浇筑高度在模板上划线,标示清楚,以此作为底板浇筑厚度的依据;然后铺设预备好的钢筋,绑扎成形,固定牢靠,再注入混凝土。如果是现场拌制混凝土,应使用当地质监部门核准的施工配合比,材料准确称重,搅拌的顺序是石子→砂子→水泥→水,先干拌1min再加水,水分3次加入,加水后搅拌1~2min;在常温下混凝土浇筑6~10h覆盖浇水养护,养护时间不少于7天。

③ 技术要求:施工模板宜采用钢模,也可采用木模、砖模,但不允许用土模;安放模具时必须保证设计的几何尺寸,做到不漏浆,拆模方便。混凝土的运输要保持连续和均匀,间隔时间不超过1.5小时。混凝土浇筑应连续进行,农村生活污水净化沼气池的池底板面积不大,要一次浇筑完成,不留施工缝。混凝土高出自由倾落不宜大于2m,如果高度超过3m,则用串桶或溜槽。当底板设计断面较小时,对钢筋的密集部位应分层浇筑、分层振捣。

6)墙体施工

农村生活污水净化沼气池一般采用砖砌墙体,如采用钢筋混凝土墙体,其钢筋为受力钢筋,保护层厚度一般应大于30mm,施工方法和技术要点与底板基本一致。这里着重说明砖砌墙体的施工。

① 材料要求:砖宜选用普通黏土砖,强度等级不能低于MU7.5,要求外形规则,无裂缝弯曲,声音脆响,质量均匀,无过火欠火,无杂物夹杂。砂浆则采用水泥砂浆,砂浆强度等级不低于M5,其配合比应采用经当地建筑质监部门核准的施工配合比。

② 施工方法:首先将砌筑用砖在使用前一天浇水湿润,使其含水量达到10%~15%,现场使用时,取一块样砖砍断,若断面

四周吸水深度达到 10～20mm 即认为合格。然后根据施工图要求开始测量放线，在底板上弹好轴线和墙身线，圆柱形池体应放好圆心位置，并严格执行设计要求。接着再设立匹数杆，制作匹数杆应根据设计要求和砖的规格确定灰缝厚度，在杆上表明每匹砖厚度、灰缝大小和砖的匹数。按照控制标高在转角处立好匹数杆。圆柱形池墙应设立圆心柱杆。按照测量放出的墙体轴线，用干砖排砖撂底，校对墙体尺寸是否符合砖的模数，确定无误后开始砌筑墙体。

③ 技术要点：墙体的砌筑要把握横平竖直、上下错缝、内外搭砌、左右相邻对平的原则，做到浆满缝直墙面平。砌筑时一定要保证灰浆的饱满度，同时也要保证竖缝和砖头缝的饱满度。砌体不得出现漏浆而形成的通孔，灰缝宽度应控制在 8～10mm。在砌筑圆筒形池墙时，竖缝应呈楔形，内侧灰缝宽度不小于 5mm，外侧灰缝宽度不大于 15mm。在砌筑过程中要随时检查砖层的水平度和垂直度。对于圆筒形池墙还应随时检查墙面的圆弧度。墙体的转角处和交界处应同时砌筑，若不能同时砌筑时，应留成斜槎，斜槎长度不小于斜槎高度的 2/3。砌筑砂浆要随拌随用，水泥砂浆要在拌完后 1.5h 内用完。若施工期最高温度超过 30℃，其时间应相应缩短。砖墙砌筑的高度以每天不超过 1.8m 为宜，如果雨天施工，则不超过 1.2m。在砌筑时要按照设计留好连通孔洞，并做好各孔洞的标高控制。

7) 顶盖施工

农村生活污水净化沼气池的顶盖和顶板主要包括：矩形池现浇钢筋混凝土平顶盖、球形现浇钢筋混凝土拱盖、圆柱形钢筋混凝土拱盖。

① 材料要求：顶盖施工所采用的混凝土要参照抗渗混凝土要求来配制，材料要符合以下要求：粗骨料（如碎石和卵石）应采用连续级配，最大粒径不大于 40mm，含泥量不大于 1％，泥块含量不大于 0.5％。细骨料（如砂子）的含泥量不大于 3％，泥块含量不大于 1％。混凝土的含砂率把握在 35％～45％比较适宜。水灰比控制在 0.55，不超过 0.6。

② 施工方法：

模板施工中矩形池现浇顶盖施工方法：

一般采用拼装的钢模或木模。安装模板时，位置要准确，底面要平整，标高要符合设计要求，把配件插牢并且模板就位后，装好U形卡、L形插销，将模板支撑牢固，支柱和斜撑下的支承面要平整，并有足够的支撑面积，斜撑的角度不小于60°，在模板的内表面涂刷上适量的隔离剂，由于顶盖内表面需要做防腐处理，所以严禁用废机油作隔离剂。

模板施工中球形和圆柱形顶盖施工方法：

对于球形和圆柱形顶盖则通常采用"无模悬砌法"砌筑砖模，砌筑时选用规则的优质砖，砖要预先作润湿处理，漂拱用的水泥砂浆要用黏性好的1∶2细砂浆。砌砖时砂浆要饱满，并用钢管靠扶和吊装重物挂扶的方法来固定，每砌完一圈（层），用片石嵌紧。收口部分改用半砖或六分砖头砌筑，以保证圆度。为了保证池盖的几何尺寸，在砌筑时应用曲率半径绳校正。池盖漂完后，用1∶3的水泥砂浆抹补砖缝，然后用粒径5～10mm的C20细石混凝土形成整体结构体，以保证整体强度。

钢筋施工方法：

钢筋在使用前要进行除锈、调直和折弯等处理工序。除锈可采用除锈机、手工刷除和酸洗等方法。如果除锈后发现表面有严重麻坑、斑点且已伤蚀截面的钢筋应降级使用或不用。对于局部弯曲或成盘的钢筋在使用前应予以调直，机械调直或人工调直皆可，要注意控制冷拉率，HPB235级钢筋不大于4%，HRB335级钢筋不大于1%。要根据施工图钢筋表提供的编号和长度切断钢筋，切断时，要将不同规格不同长度的钢筋进行长短搭配，减少短头。一般先切长料后切短料。钢筋成形采用人工和机械都可以，要保持成形准确，平面无凹曲现象，弯曲点无裂痕。将成形后的钢筋按照施工图标定的位置、间距绑扎成形，放入模板。底层筋要有垫块支撑，垫块高度与保护层厚度一致，垫块间距要小于1.5m。

混凝土施工方法：

混凝土按照规定比例下料后，要保证足够的搅拌时间，一般不少于2min。浇筑前则应对模板的各部分尺寸、标高、支撑情况进行一次详细检查,将缝隙和孔洞堵塞严密。同时,也要对钢筋的种类、规格、数量、位置、接头和预埋件数量、位置及各部分的集合尺寸进行一次复检,并确认准确无误。然后将模板内的垃圾杂物和钢筋上的油污清理干净;对于木模和砖模则要浇水湿润,但不能有积水,钢模的隔离剂要涂抹均匀,模板上预留的检查孔和清扫孔等要符合设计要求。混凝土的浇筑应连续分层进行,若必须间隔时,其间歇时间应尽量缩短,常温下不超过3小时,并在前层混凝土初凝之前,将次层混凝土浇筑完毕。球形和圆柱形薄壳混凝土的浇筑,应该从周边开始向壳顶呈放射状或螺旋状环绕壳体对称浇筑,浇筑时应注意控制壳体厚度。浇筑完成后12小时内对混凝土加以覆盖浇水养护,养护时间不少于7天。

8) 密封防腐施工

密封防腐层一般主要有两种结构:基础密封层和表面密封层。基础密封层主要由水泥砂浆和水泥素浆构成,表面密封层由UMP高分子涂料、JX-11型沼气池专用密封剂等材料构成。

施工方法:

① 水泥砂浆基础密封层施工:水泥应采用强度等级32.5级以上的普通硅酸盐水泥,砂采用中砂,含泥量不超过3%,使用前应过筛,筛孔为3~5mm。混凝土结构表面凹凸不大于10mm,否则应补平或扫毛。砖墙表面的灰浆要清理干净。表面处理完成后浇水湿润,然后等到第二天抹灰时,再加水湿润。砖墙表面和混凝土表面的抹灰分别按照施工图要求,使用"四层抹灰面法"。抹灰时要求薄抹重压、压实抹光、无裂纹、不翘壳,抹灰层总厚度应控制在20~30mm。砖砌墙体外壁应按照防水要求抹灰,当设计未作明确标示时,应按照内壁抹灰砂浆的相同标号,进行抹灰处理。抹灰层数为两层,总厚度控制在1~1.5mm。在池体转角的交界处,抹灰应做成圆弧形,圆弧半径一般为50mm。每层抹灰应连续施工,一气呵成,不留施工缝。如果确实需要留出施工缝时,应采用阶梯形槎,搭接时应先在接槎处刷素水泥浆一层,完成后要及时养护。

② UMP涂料:UMP高分子沼气池专用密封防腐涂料具有附着力强、成膜性好、施工操作简便、无异味、密封防腐性能优异的

特点。使用时,要等到水泥砂浆基层表面基本干燥,表面呈灰白色时,清除基层表面的尘土杂物,用排刷在基层表面均匀涂刷,涂刷厚度要掌握涂料分布均匀,表面无流动下挂为宜。涂刷要垂直进行两次,注意防止漏刷。

9) 填料滤料施工

① 填料:在矩形池中安装填料时,先用 DN20 的 PVC 管制作填料固定框,固定框上下横管间距由填料规格确定,一般为 120~150mm。将填料束端头的丙纶绳分别固定在上下横杆上,束间距 120~150mm。填料网架制作完毕后,将其放入池内填料支撑台上予以固定。圆形池中安装填料时,先将钢筋支架圈固定在沿池壁周边预埋的钢筋挂钩上,然后用热沥青(或防锈漆)涂刷支架圈和预埋的钢筋挂钩两遍,待涂刷层干燥后,用丙纶绳按照间距 120~150mm 布设上下两层绳架上。在填料安装中,填料束间距应符合设计要求,填料束绑扎要牢固,以避免净化池运行中填料束松脱和位置滑动。

② 滤料:农村生活污水净化沼气池通常在后处理区设置滤料,以增强处理效果。滤料分为软滤料和硬滤料两种。软滤料有聚氨酯泡沫、棕垫等种类,硬滤料有活性炭、无烟煤、炉渣等。农村生活污水净化沼气池一般采用聚氨酯泡沫板作为滤料。泡沫滤板安装时,在设置滤板的过水断面上,滤板要铺满,不得留有空隙,以免造成污水短路影响处理效果。同时在滤板上放置石块或混凝土块,以防滤板上浮漂移。

3.2.4 农村生活污水净化沼气池的运行管理

1. 农村生活污水净化沼气池的启动运行

(1) 启动

农村生活污水净化沼气池分为厌氧部分和好氧部分。系统启动时,需要进行微生物接种。接种物可以取自正在运行的厌氧消化池,也可以取自畜禽粪便和酒精废醪的厌氧消化池,接种物可以液态形式取回,剔除大块杂质后即可投入消化池。农村生活污水净化沼气池第一次启动要加入大约占总池容积 5%~10% 的接种物。

(2) 运行

农村生活污水净化沼气池投入运行后,所做的主要工作就是定期除渣和检测水质水量。净化池宜采用机械除渣。残渣清掏期为365~730天,沉砂除渣单元30~60天清掏一次。《建筑给水排水设计规范》(GB 50015—2003)规定,化粪池的污泥清挖周期宜采用3~12个月。由于厌氧处理工艺产生的污泥量低于好氧处理工艺,所以污水净化池的污泥清掏周期比化粪池长得多,常为2~3年。污水滞留期较长,容积综合系数取值较大,发酵液温度较高,净化池进水的BOD_5含量较低时,净化池的污泥清掏周期可达3~4年。一般在南方2个月、北方3个月后应进行一次进、出水水质水量监测。以后每年至少进行一次。监测项目为五日生化需氧量(BOD_5)、重铬酸钾法测化学需氧量(COD_{Cr})、悬浮固体(SS)、酸碱度(pH值)、色度、氨氮、寄生虫卵和大肠杆菌值。在血吸虫病和钩虫病流行区还应监测血吸虫卵和钩虫卵指标。

2. 农村生活污水净化沼气池的后期管理

首先要建立工程档案和管理记录,并定期清掏污泥;注意安全,避免发生火灾、窒息事故;防止毒物进池,严禁有毒物质入池;对于像医务所等处的污水要增加消毒设施,个别农村污水源的出水在必要时或季节性的进行消毒处理;及时进行水质监测,对出水不达标的要更换填料,避免对池壁的机械损伤。防止预处理中的杂物堵塞进料口。在系统运行过程中,要注意沼气的收集和使用,并能够安全用气。

3.2.5 农村生活污水净化沼气池经济效益分析

农村生活污水净化沼气池模式实现了水资源的有效再生利用,通过厌氧、兼性和好氧处理技术对农村生活污水的无害化处理,大大减少了疾病的发生和传播。污泥和净化后的污水可作为无公害蔬菜基地的绿色肥源和水源,沼气则可作为燃料使用。这资源化利用技术对改善农村生态环境、发展农村经济有良好的生态、社会和经济效益。

以一个100m³的农村生活污水净化沼气池为例,系统建成以后,不需要专人管理，自流式、无动力、不耗能、污泥生成量少，只需要 3 年左右清掏一次残渣。每年可处理农村生活污水 12000～18000t，既净化了环境，又可回收部分能源，每个池回收的沼气每年可产生 900 多元的经济效益，减少了疾病的发生和流行，促进了卫生、文明城镇建设。所产生的能源和肥料的效益使农民增收，促进农业结构调整，厌氧消化后无公害有机肥可以减少农业生产成本，提高农作物产量，提高和改善耕地质量，实现污水的资源化、多层次利用，促进无公害农产品的生产和农业的可持续发展。

如在浙江安吉某农村，共有 73 户、252 人，目前污水排放量为 20 吨/天，采用农村生活污水净化沼气池进行处理。该工程将截污管汇集的生活污水，自动流入沼气池，经厌氧消化处理后，再经兼性三级生物软填料的分解过滤、吸收，并经过二级硬填料的过滤、净化处理，最后经软性滤板后达标排放，设计处理能力为 30 吨/天，该工程总投资 15 万元，其中主体净化池 8 万元，管道系统 7 万元。

3.3 畜禽养殖场沼气工程

3.3.1 畜禽养殖场粪污处理沼气工程模式

近年来，我国畜禽养殖业迅速发展，带来大量的畜禽粪污排放，粪便污水属高浓度有机废水，其中 BOD 含量高达 4g/L，COD、SS 的浓度也大大超出我国规定排放标准数十倍。这些粪便污水进入地表水体及地下水层，造成严重的水体污染。同时，生活污水腐化产生大量恶臭气体，不仅为蚊蝇孳生、寄生虫病的传播蔓延制造了生存和扩散机会，还降低了空气质量，破坏生态环境，对环境卫生和安全带来负面影响。实践证明，大中型沼气工程技术是治理畜禽养殖业污染的有效措施。

基本工艺流程
(1) 工艺类型
通常，沼气工程工艺可分为能源—生态型和能源—环保型两种类型。

① 能源—生态型工艺流程：能源—生态型就是沼气工程周边有足够面积的农田、鱼塘、植物塘等，用来消纳沼渣、沼液，使沼气工程成为生态农业园区的纽带。

② 能源—环保型工艺流程：能源—环保型就是沼气工程周边环境无法消纳沼渣、沼液，必须将沼渣制成商品肥料，将沼液经过好氧发酵等一系列后处理，达到国家排放标准后排放。该工艺工程费用和运行成本较高。

由于能源—环保型工艺的首要目的是使污水达标排放，所以首先要减少污水量及污水中的干物质量。在猪场、牛场等采用干清粪的方式，人工收集固体粪便，然后再将残余粪便用水冲洗。粪水进入调节池后，先进行固液分离，分离出固形物与固体粪便一起进行好氧堆沤处理，生产有机肥，液体部分进入沼气池进行沼气发酵。这样有利于降低水处理成本，但是沼气产量也相应减少。

（2）基本工艺流程

一个完整的大中型沼气发酵工程，无论规模大小，都包括了如下的工艺流程：原料的收集、预处理、厌氧消化器、后处理、沼气的净化、贮存和输配以及利用等环节。见图3-4。

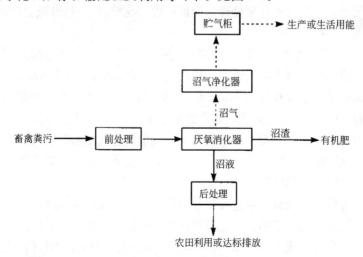

图3-4　畜禽养殖场沼气工程工艺流程示意

① 原料的收集：在畜禽场设计时，应合理安排畜禽粪便、粪水的收集方式，并集中到统一地点进行处理。

集中后的原料首先进入调节池贮存。畜禽场粪便的收集、冲洗时间比较集中，而厌氧消化器的进料时间是均匀分配的，所以调节池的大小一般要能贮存 24h（小时）废水量。在温暖季节，调节池常可兼有酸化作用。

② 原料的预处理：原料中常混有各种杂物，因此，原料进入厌氧发酵罐前，应进行预处理。在能源—环保型工艺中，通常还需要在该流程加固液分离设备，减少进入厌氧反应器中的悬浮固体含量。在原料温度较低时，通常也在该流程中加温。

③ 厌氧消化：微生物的生长繁殖、有机物的分解转化、沼气的生产都是在厌氧消化器里进行的。因此，消化器的结构和运行参数是沼气工程的设计重点。

④ 厌氧消化液后处理：厌氧消化液的后处理方式多种多样，最简便而且有经济效益的方法是作为液体肥料直接施用于大田作物、果树及温室蔬菜大棚等。但由于施肥的季节性，不能保证每天消纳大量的厌氧消化液。可靠的方法是将厌氧消化液进行固液分离，分离后的固体残渣与固体粪便一起制成有机肥；清液部分可经曝气池、氧化塘等好氧处理后达标排放，或经进一步处理达到农田灌溉水标准。

⑤ 沼气的净化、贮存和输配：有机物厌氧发酵会有部分水蒸气与沼气一起进入输气管路，遇冷凝结为水。中温（35℃）厌氧发酵生成的沼气中含水量为 $40g/m^3$，而冷却到 20℃时沼气中的含水量只有 $19g/m^3$。也就是说，每立方米沼气在从 35℃降温到 20℃的过程中会产生 21g 冷凝水。这些水会造成输气管路堵塞，有时还会进入沼气流量计，影响其正常使用。因此，应采用脱水装置去除从厌氧反应器进入输气管路的水。

另外，在厌氧发酵过程中也会产生一定量硫化氢气体，并与沼气一同进入输气管路。硫化氢可以快速腐蚀管道及仪表，而且其本身及燃烧时生成的 SO_2 对人体均有毒害作用。因此，沼气使用前必须去除其中的硫化氢。根据城市煤气标准，煤气中硫化氢含量不得超过 20mg/m³。去除硫化氢通常采用脱硫塔,内装脱硫剂进行脱硫。因脱硫剂使用一定时间后需要再生或更换,所以最少要设两个脱硫塔轮流使用。

通常用贮气柜贮存沼气,以调节产气和用气的时间差别,同时还能起到调节压力的作用。贮气柜分干式贮气柜及浮罩式贮气柜,其大小一般为日产气量的 1/3~1/2,以保证稳定供气。

3.3.2 畜禽养殖场沼气工程工艺设计

节能-9 畜禽养殖场沼气工程工艺技术

沼气发酵工艺是指从发酵原料到生产沼气的整个过程所采用的技术和方法,包括原料的收集和预处理、接种物的选择和富集、沼气发酵装置的发酵启动和日常操作管理及其他相应的技术措施。

对沼气发酵工艺,从不同的角度有不同的分类方法。一般从发酵温度、进料方式、发酵阶段、发酵级差、发酵浓度、料液流动方式等角度进行分类。

1. 以发酵温度划分沼气发酵工艺

沼气发酵的温度范围一般在 10~60℃ 之间,温度升高沼气发酵的产气率也随之提高,通常以沼气发酵温度区分为高温发酵、中温发酵和常温发酵三种工艺。

(1) 高温发酵

高温发酵工艺指发酵料液温度维持在 50~60℃ 范围内,实际控制温度多在 53±2℃ 之间。其特点是微生物生长活跃,有机物分解速度快,产气率高、滞留时间短。采用高温发酵可以有效地杀灭粪便中各种致病菌和寄生虫卵,具有较好的卫生效果,较为实用。

维持发酵温度的办法很多,最常见的是烧锅炉加温。锅炉加温有两种方法:一种是蒸汽加温,将蒸汽通入安于池内的盘旋管中加温发酵料液,也可以直接将蒸汽通入沼气池中,但会对局部微生物群造成伤害;另一种方式是用 70℃ 的热水在盘管内循环,效果比较好。不论采用哪种加热方式,都要注意尽量减少运行中散失的热量,特别是在冬季要提高新鲜原料的进料温度,原料预热和沼气池保温都非常重要。

沼气发酵的产气量随温度的升高而升高,但要维持消化器的高温运行,能量消耗较大。在我国绝大部分地区,要保持沼气发酵工艺常年稳定运行,必须采用加热和保温措施。用粪便发酵产生的沼气烧锅炉来加温沼气发酵料液,维持高温发酵,能取得较好的效果。利用各种余热和废热进行加温也是一种变废为宝且极为便宜的好方法。

高温沼气发酵必须进行搅拌。

(2) 中温发酵

中温发酵工艺指发酵料液温度维持在 35 ± 2℃ 范围内。与高温发酵相比,这种工艺消化速度稍慢一些,产气率稍低一些,但维持中温发酵的能耗较少,沼气发酵能总体维持在一个较高的水平,产气速率比较快,料液基本不结壳,可保证常年稳定运行。该工艺产气量比较均衡。

(3) 常温发酵

常温发酵也称"自然温度"发酵,是指在自然温度下进行沼气发酵。我国农村户用沼气池基本采用这种工艺。其优点是发酵料液温度随气温、地温的变化而变化,不需要对发酵料液的温度进行控制,节省保温和加热投资;缺点是在同样条件下,一年四季产气量相差较大。南方农村沼气池建在地下,一般料液最高温度为 25℃,最低温度仅为 10℃,冬季产气效率虽然较低,但在原料足的情况下还可以维持用气量。但北方地区地下沼气池冬季料液温度仅达到 5℃,产气率不足 $0.01m^3/(m^3\cdot d)$,当发酵温度在 15℃ 以上时,产气量才明显提高,产气率达 $0.1\sim0.2m^3/(m^3\cdot d)$。因此在北方要重点确保沼气池安全越冬。

2. 以进料方式划分沼气发酵工艺

沼气发酵微生物的代谢是一个连续的过程,根据该过程中进料方式的不同,可分为连续发酵、半连续发酵和批量发酵三种工艺。

(1) 连续发酵

连续发酵是指沼气池加满料正常产气后,每天分几次或连续不断地加入预先设计的原料,同时也排走相同体积的发酵料液,使发酵过程连续进行下去。发酵装置不发生意外情况或不检修时均不进行大出料。

该工艺最大的优点就是"稳定",维持稳定的发酵条件,保持稳定的原料消化利用速度,也维持稳定的发酵产气。该工艺流程比较先进,但发酵装置结构和发酵系统比较复杂,仅适用于大型的沼气发酵工程系统,并要求有充足的物料保证。

连续发酵工艺流程控制的基本参数为进料浓度、水力滞留期、发酵温度。启动阶段完成后,发酵效果主要靠调节这三个基本参数来进行控制。

在连续发酵工艺中,由于进料浓度和水力滞留期都可以在较大范围内变化,目前尚未找到一个选择最佳参数的方法。

连续自然温度发酵一般不考虑最高池温,但要考虑最低池温。目前来看,采用这种连续自然温度发酵工艺在我国仍有广泛的发展前景。

在设计恒温发酵工艺时,对参数的选择必须十分谨慎。实际生产中如果原料自身温度高,或者附近有余热可利用来加温和保温,则应尽量按高温或中温设计。

(2) 半连续发酵

在沼气池启动时一次性加入较多原料(一般占整个发酵周期投料总量的1/4~1/2),正常产气后,定期、不定量的添加新料。在发酵过程中,往往根据其他因素(如农田用肥需要)不定量的出料。到一定阶段后,将大部分料液取走另作他用。这种发酵方法,沼气池内的料液多少均有变化。我国农村沼气池常采用这一方法。

半连续发酵工艺采用的主要原料是粪便和秸秆,应控制的主要参数是启动浓度、接种物比例和发酵周期。启动浓度一般小于6%。接种物一般占料液总量的10%以上,秸秆较多时应加大接种物数量。发酵周期根据气温情况和农业用肥情况而定。

采用这种工艺要经常不断的补充新鲜原料,因为发酵一段时间后,启动加入的原料已大部分分解,此时不补料,产气必然很快下降。所以在建池时应把猪圈、厕所和沼气池连接起来,让粪尿能自动流入池中。

(3) 批量发酵

批量发酵是将发酵原料和接种物一次性装满沼气池，中途不再添加新料，产气结束后一次性出料。其特点是初期产气少，以后逐渐增加，然后保持基本稳定，再后又逐步减少，直到出料。一个发酵周期结束后，再成批地换上新料，开始第二个发酵周期，如此循环往复。

固体含量高的原料，如作物秸秆、垃圾等，由于日常进出料不方便，进行沼气发酵也常采用这一方法。该工艺的优点是投料启动成功后，不需要管理，简单省事；其缺点是产气分布不均衡，高峰期产气量高，其后产气量低。

该工艺应控制的主要参数为启动浓度、发酵周期及接种物的比例。原料滞留期等于发酵周期，启动浓度按总固体浓度计算一般应高于20%。发酵周期的长短要根据原料的来源、温度情况、肥用季节而定。一般夏秋季的发酵周期为100天左右。

采用该工艺的主要问题，一是启动比较困难；二是进出料不方便。所以在实际工程中很少应用。

3. 按发酵阶段分工艺

以沼气发酵不同阶段，可将发酵工艺分为单相发酵工艺和两相（两步）发酵工艺。

(1) 单相发酵

单相发酵将沼气发酵原料投入到一个装置中，使沼气发酵的产酸和产甲烷阶段合二为一，在同一装置中自行调节完成。我国农村全混合沼气发酵装置和现在建设的沼气工程大多数采用这一工艺。

(2) 两相发酵

两相发酵也称两步发酵，或称两步厌氧消化，根据沼气发酵的三阶段理论，把原料的水解、产酸阶段和产甲烷阶段分别安排在两个不同的消化器内进行。水解、产酸池通常采用不密封的全混合式或塞流式发酵装置，产甲烷池则采用高效厌氧消化装置，如污泥床、厌氧过滤等。

两步发酵较单相发酵工艺的产气量、效率、反应速度、稳定性和可控性等都要优越，而且生成沼气中的甲烷含量也比较高。从经济效益来看，该工艺流程加快了挥发性固体的分解速度，缩短了发酵周期，从而降低了生产甲烷的成本和运转费用。

两步发酵工艺按发酵方式可分为全两步发酵和半两步发酵。

全两步发酵按原料形态、特性可划分为浆液和固态两种类型。浆液型和固态上流型的原料可以先经预处理或不经预处理，然后进入产酸池。产酸的特点在于：1)控制固体物和有机物的高浓度和高负荷；2)采用连续或间歇式进料(浆液原料)和批量投料(固态原料)；3)浆液原料用完全混合式发酵，固态原料用干发酵。

产酸池形成的富含挥发酸的"酸液"进入产甲烷池。产甲烷池常采用厌氧污泥床反应器、厌氧过滤器、部分填充的上流式厌氧污泥床或者厌氧接触式反应器等高效反应器，能间歇或连续进料，固体物负荷率比产酸池低，可溶性有机物负荷率高。

半两步发酵利用两步发酵工艺原理，将厌氧消化速度悬殊的原料综合处理，达到较高效率的简易工艺。它将秸秆原料进行池外沤制，产生的酸液进入沼气池产气，残渣继续加水浸沤。

4. 按发酵级差划分沼气发酵工艺

(1) 单级沼气发酵

单级发酵是我们最常见的沼气发酵类型，就是产酸发酵和产甲烷发酵在同一个沼气发酵装置内进行，而不将发酵物再排入第二个沼气发酵装置中继续发酵。从充分提取生物质能量、杀灭虫卵和病菌的效果以及合理解决用气、用肥的矛盾等方面看，该工艺很不完善，产气效率也比较低。但其装置结构比较简单，管理比较方便，费用比较低廉。

(2) 两级沼气发酵

两级发酵就是有两个容积相等的沼气池，第一个供消化之用，总产气量达到80%时，用虹吸管将消化液输送到第二个沼气池内，使残余的有机物彻底分解。第一个沼气池主要是产气，安装有加热和搅拌系统；第二个沼气主要是对有机物彻底处理，不需要加温和搅拌。这既有利于物料的充分利用和彻底处理废物中的BOD，也在一定程度上能够缓解用气和用肥矛盾。从延长沼气池中发酵原料的滞留时间和滞留路程，提高产气率，促使有机物质的彻底分解的角度出发，采用两级发酵是有效的。对于大型的两级发酵装置，若采用大量纤维素物料发酵，为防止表面结壳，第二级发酵中仍需设置搅拌。

（3）多级沼气发酵

多级沼气发酵一般不被采用，仅在污水处理中有这样的例子。其工艺流程和两级发酵相似，只是发酵物经过三级、四级甚至更多级的发酵后，更彻底地去除 BOD。

5. 按发酵浓度划分工艺

（1）液体发酵

液体发酵是指发酵料液的干物质浓度控制在 10% 以下的发酵方式。在发酵启动时，加入大量的水或新鲜粪肥调节料液浓度。目前液体发酵所面临的问题是，发酵后大量沼渣和沼液的利用和消纳问题，如不解决好发酵料液的后续处理问题，很可能会带来对环境的二次污染。

（2）干发酵

干发酵又称固体发酵，其原料的干物质含量在 20% 左右，水分含量占 80%。生产中如果干物质含量超过 30%，则产气量会明显下降。干发酵用水量少，与我国农村沤制堆肥基本相同，既沤了肥，又产了气。

但干发酵工艺因原料流动性差、进出料困难而在大中型沼气工程中的应用受到了一定的限制。

6. 以料液流动形式划分沼气发酵工艺

（1）无搅拌的发酵工艺

当沼气池未设置搅拌装置时，无论发酵原料为非匀质的（粪草混合物），或匀质的（粪），只要其固形物含量高，在发酵过程中料液会自动出现分层现象（上层为浮渣层，中下层为活性层，下层为沉渣层）。这种发酵工艺，因沼气微生物不能与浮渣层原料互相接触，上层原料难以发酵，下层沉淀又占有越来越多的有效容积，因此原料产气率的池容产气率均较低，并且必须采用大换料的方法排除浮渣和沉淀。

（2）全混合式发酵

由于采用了混合措施和装置，池内料液处于完全均匀或基本均匀状态，因此微生物能和原料充分接触，整个投料容积都是有效的，具有消化速度快、容积负荷率和体积产气率高的优点。处理畜禽粪便的大型沼气池属于这种类型。

(3) 塞流式发酵

塞流式发酵亦称推流式发酵，采用一种长方形的非完全混合式消化器，高浓度悬浮固体原料从一端进入，从另一端流出。

由于消化器内沼气的产生，呈现垂直的搅拌作用，而横向搅拌作用甚微，原料在消化器的流动呈活塞式推移状态。在进料端呈现较强的水解酸化作用，甲烷的产生随着向出料方向的流动而增强。由于进料端缺乏接种物，所以要进行固体回流。为了减少对微生物的冲出，在消化器内应设置挡板，有利于运行的稳定。

生产实践表明，塞流式池不适于鸡粪的发酵处理，因鸡粪沉渣多，易生成沉淀而大量形成死区，严重影响消化器效率。

塞流式沼气池的优点是：(a)不需搅拌装置，结构简单、能耗低；(b)适用于高 SS 废物处理，尤其适用于牛粪的消化，用于农场有十分好的经济效益；(c)运转方便、故障少、稳定性高。

其缺点是：(a)固体物可能沉淀于底部影响反应器的有效体积，使 HRT 和 SRT 降低；(b)需要固体和微生物的回流作为接种物；(c)因消化器面积体积比值较大，难以保持一定的温度，效率较低；(d)易产生厚的结壳。

上述各种沼气发酵工艺，分别适用于一定发酵原料和一定发酵条件及管理水平。目前固体物含量低的废水多采用上流式厌氧污泥床(UASB)，固体物含量高的宜采用升流式固体反应器(USR)和厌氧接触工艺，高固体原料可结合生产固体有机肥采用两步发酵及干发酵工艺。同时，还要考虑操作人员技术素质和投资、运行费用的多少，来最后确定发酵工艺类型。

3.3.3　畜禽养殖场沼气工程运行管理

大中型沼气池的运行和管理要求工作人员既掌握沼气发酵的基本原理和条件，又要对工程系统和正确的操作方法了如指掌，并具备能够及时发现问题和进行处理的责任心和能力。

1. 沼气池运行前的试车

沼气池的建设,除工艺和结构设计科学合理外,还应当检查施工、安装质量,确保池体不漏水、不漏气,一切附属设备完好。

新建的沼气池在投料前应向池内注满清水,并增压至 4.9~9.8kPa,经 24 小时观察压力下降小于 10%,即可认为池体密封符合要求。否则应立即采取补救措施,再按前面所述方法检验,直到合格为止。

与发酵池配套的所有管道、阀门均应根据其各自的运行压力,分别按照工业管路检验标准用清水进行承压检验。

对于原料、水、蒸汽、沼气的压力表和流量计、液面、电气、温度、pH 计等计量仪表,加热器、搅拌器、电机、水泵等设备,均应按各自的产品质量检验标准和设计要求,进行单机调试和联动试运行,以保证其安全、可靠、灵活和准确。

2. 厌氧消化器的启动

厌氧消化器的启动是指一个厌氧消化器从投入接种物和原料开始,经过驯化和培养,使厌氧活性污泥的数量和活性逐步增加,直至运行效能稳定达到设计要求的全过程。这个过程所经历的时间称为启动期。厌氧消化器的启动一般需要较长时间,若能取得大量活性污泥作为接种物,在启动开始时投入消化器内,可缩短启动期。

(1) 接种物

接种物就是用于厌氧消化器启动的厌氧活性污泥。接种物可以取自正在运行的厌氧消化器,特别是城市污水处理厂的污泥消化池,也可以取自畜禽粪便和酒精肥料的厌氧消化器。在厌氧消化污泥来源缺乏的地方,可以利用畜禽场、酒厂等的污水排放沟内污泥,或城市污水厂的初沉淀污泥等作为接种物。

接种物用量的多少依接种物来源的难易及污泥产甲烷活性而定,原则上加大接种量有利于缩短启动过程时间,而通常接种物用量按发酵器体积计算在 10%~30% 之间。若按接种污泥的 VSS 量计算,在 UASB 启动时,宜取 6~15kg/m^2 的接种量。

(2) 启动的基本方式

启动方法基本可分为以下两种。

1) 连续膨胀法

消化器试车并清空后，在接种物不足的情况下，将收集到的接种物和首批原料按一定比例（如 2∶1，视接种物活性和原料浓度而定）投入消化器。停止进料若干天，在静止条件下，对接种物进行富集扩大培养，使厌氧消化微生物得到驯化和生长，或者附着于填料表面，至料液中生成的挥发酸大部分被去除时，即产气高峰过后，料液的 pH 值在 7.0 以上，所产沼气中甲烷含量达 55% 以上时，首批富集扩大培养即告完成。而后即可投入第二批、第三批……原料连续进行富集扩大培养，使料液连续膨胀，直至消化器被充满，以后即可进行半连续或连续投料运行。

2) 浓度递减法

消化器试车后保留清水，便开始边投入接种物边投入原料进行启动，使料液浓度不断增长。因为在大中型沼气工程启动时，每天采集到的接种物量有限，将池水升温后即可将接种物与原料按比例投入沼气池。

无论采用哪种方式启动，都应注意酸化与甲烷化的平衡，防止发酵液的 pH 值降至 6.5 以下。必要时可加入一些石灰水，使发酵液的 pH 值保持在 6.8 以上。

(3) 启动障碍的排除

在启动过程中，最常见的故障是负荷过高所引起的发酵液中有机酸上升，pH 值降低，这时候常会引起污泥沉降性能变差而严重流失。排除故障的方法是首先应停止进料，待 pH 值恢复正常水平后，再以较低负荷开始进料，如果发现 pH 值已降至 5.5 以下，预计单靠停止进料也难以奏效时，则应添加石灰水、碳酸钠或碳酸氢铵等碱性物质进行中和。同时，也可以排除部分发酵液，再加入一些接种物，以期起到稀释、补充缓冲性物质及活性污泥的作用。在以某些难降解有机物或缺乏营养物的废水为原料时，在启动过程中常需加入生活污水或氮、磷等营养物质以促进微生物的生长。

3. 厌氧消化器的运行管理

对厌氧消化器的运行管理，除日常坚持正确控制各种运行条件，还要随时注意消化器内酸化与甲烷化的平衡，及时发现问题并予以纠正。

(1) 运行过程中酸化与甲烷化的平衡

酸化与甲烷化的失调主要是因为酸化菌群的繁殖速度远远高于甲烷化菌群的繁殖速度。经验表明，测定有机酸的组成，可以预报可能发生的事故。

根据观察测定，一经发现不平衡现象发生，就应按以下步骤采取措施：

1) 控制有机负荷，保持或调节发酸液的 pH 值在 6.8 以上。首先要减少进料量以至暂停进料来控制有机负荷，这样有机酸会逐渐被分解，使 pH 值回升。如果停止进料后 pH 值还不能恢复，可加中和剂调节 pH 值到 6.8。

2) 确定引起不平衡的原因，以便采取相应措施。如果控制有机负荷后，短期内消化作用恢复正常，说明主要由超负荷所引起。如果控制负荷并调节 pH 值后仍不正常，则应检查进料中是否含有毒性物质。

3) 排除进料或消化液中的有毒物质，可用稀释进料的方法降低有毒物质浓度，或添加某种物质使有毒物质中和或沉淀。

4) 如果 pH 值下降或中毒情况严重，短期内又难以排除，则应考虑重新启动。

(2) 厌氧消化器内污泥持留量的调节

厌氧消化器内保持足够的污泥量，是保证消化器运行效率的基础，但经较长时间运行后，污泥量持留过度时，不仅无助于提高厌氧消化率，相反会因污泥沉积使有效容积缩小而降低效率，或者因易于堵塞而影响正常运行，或者因短路使污泥与原料混合情况变差，使出水中带有大量污泥。因此，当消化器运行一段时间后就应适时、适量地排泥，使污泥沉降地上平面保持在溢流出水口下 0.5~1.0m 的位置，这样既可保证水力运行的畅通，又可使悬浮污泥有沉降的空间。

排泥多从底部排泥管排出，一般每隔 3~5 天排放一次，每次排放量应视污泥在消化器内积累高度而定。启动阶段，沼气池内污泥量不足时，排出的污泥经沉砂后可回流入沼气池内。

(3) 搅拌控制

在厌氧消化器内，进料的冲击及产气所形成的搅拌作用可增加微生物与原料的接触。因此，在厌氧消化过程中一般不需连续搅拌，一些沉降性能良好的原料，则不需要搅拌。一些易悬浮并生成结壳的原料则需每天定时搅拌几次以打破结壳，并使浮渣逐渐分解而沉降。

UASB 不需要搅拌，USR 如无浮渣结壳现象也不需要搅拌，一些常规消化器一般不需要连续搅拌。

(4) 厌氧消化器的停运与再启动

在停运条件下，厌氧污泥的活性可以保持一年或更长的时间。在停运期内，宜使消化器内发酵液的温度保持在 4~20℃。

此外，在停运期间，还应设法使出料口及导气管等保持封闭，以维持消化器的厌氧状态。

停运后的消化器再启动时，一般只需恢复消化器的运行温度，并根据运行状态逐步提高负荷，在一定时间内就能达到停运前的效能水平。

4. 消化器的维修与安全

沼气池及所有附属机械设备、计量仪表和电器除临时维修外，都应分别制定大修周期，按周期进行大修。

沼气池每隔 3~5 年清扫检修一次，事先应做好存放厌氧活性污泥的池子，以便检修后及时将污泥泵回沼气池内。大修时应将污水、污泥、浮渣、沉渣和底部泥砂清扫干净，进行防腐、防渗、防漏处理，最后按沼气池试漏规定验收合格后，才能重新装入污泥继续运行。

检修时应特别注意安全：

(1) 检修人员进池之前，必须打开所有孔口，用鼓风机连续吹入新鲜空气 24 小时以上，测定池内空气中 CH_4、H_2S、CO_2 和 O_2 含量合格后方可进入。也可用动物进行试验，确定操作人员的安全。

(2) 检修人员进池应戴防毒面具，戴好安全帽，系上安全带及安全绳,池外必须有人监护,整个检修期间不得停止鼓风。

(3) 池内所有照明用具和电动用具必须防爆。如需明火作业,必须符合公安部门的防火要求,同时要有应急措施。

(4) 有条件时,应当配备有毒有害气体及可燃性气体监测器,以保证人身绝对安全。

3.3.4　沼渣、沼液综合利用

1. 沼渣的定义

沼液是人、畜粪便及农作物秸秆等各种有机物经厌氧发酵后的残余物,是一种优质的有机物。厌氧发酵过程实际上就是一个十分复杂的微生物的生物化学过程,可分为三个阶段。①液化阶段。由不产甲烷的微生物分泌的胞外酶对有机物进行体外分解,把固体有机物转化成可溶于水的物质。②产酸阶段。即上述有机物经液化后进入微生物细胞,在胞内酶的作用下,将液化产物变成小分子化合物如低级脂肪酸、醇、酮、醛等。这两个阶段是连续的,统称不产甲烷阶段。③产甲烷阶段。即在产氨细菌大量活动下,铵态氮浓度增高,氧化还原势降低,产甲烷菌大量繁殖,其分泌的酶将上述阶段分解出来的化合物转化成甲烷和二氧化碳等物质。整个厌氧发酵过程中碳水化合物(纤维素、半纤维素、淀粉、多糖等)降解,木质素也降解成腐殖质,蛋白质水解成多肽和氨基酸,并继续分解成硫醇、胺、苯酚、硫化氢及氨。

在厌氧发酵环境下,除最终产出甲烷、二氧化碳等气体和微生物自身吸收的一部分蛋白质外,大部分物质留在发酵残留物中而且还产生许多衍生物。其发酵代谢产物可分两大类。第一类是沼气,它产生后自动与料液分离,进入沼气箱。第二类是保存在料液中的物质(厌氧发酵液)。这些物质可分为三种。第一种物质是营养物,由发酵原料中作物难以吸收的大分子物质被微生物分解而成,可被作物直接吸收,向作物提供氮、磷、钾等主要营养元素。第二种物质也是原本存在于料液中的,只是通过发酵变成离子形式而已。它们的浓度不高,在农家肥的厌氧发酵液中含量最高的是钙(0.02%),其次是磷(0.01%),还有钾、铁、铜、锌、锰、钼等微量元素，它们可以渗进种子细胞内，刺激发芽和生长。第三种物质相当复杂，目前还没有完全清楚。已经测出的这类物质有氨基酸、生长素、赤霉素、纤维素酶、单糖、腐殖酸、不饱和脂肪酸、纤维素及某些抗生素类物质，可以把这些东西称为"生物活性物质"，它们对作物生长发育具有重要调控作用，参与了从种子萌发、植株长大、开花结果的整个过程。如赤霉素可以刺激种子提早发芽，提高发芽率，促进作物茎、叶快速生长；干旱时，某些核酸增强作物抗旱能力；低温时，游离氨基酸、不饱和脂肪酸可使作物免受冻害；某些维生素可增强作物抗病能力，在作物生殖期，这些物质可诱发作物开花，防止落花、落果，提高坐果率等。

厌氧发酵液不仅仅可以作为有机肥料，而且具有抗病杀虫、防冻抗冻、作为饲料添加剂等多重功效，是一种具有多种功能的宝贵资源。

(1) 沼液肥效

厌氧发酵液的养分含量随投料的种类、比例和加水量不同而有很大的差异。一般以人畜粪便为原料进行厌氧发酵，发酵后残余物无任何毒副作用。它含有丰富的氮、磷、钾等基本营养元素，而且都是以速效养分的形式存在。因此，其速效营养能力强，养分可利用率高，是一种多元的速效复合肥，进行根外施肥或叶面喷施，其营养可迅速被果树和作物茎叶吸收，参与光合作用，从而增加产量，提高品质，同时增强抗病和防冻能力。

长期使用厌氧发酵液能促进土壤团粒结构的形成，增强土壤保水保肥能力，改善土壤理化特性，提高土温和土壤中有机质、全氮、全磷及有效磷等养分，同时减少污染，降低用肥成本。

用厌氧发酵液作基肥浇灌果蔬，结果大、色鲜、味道鲜美、甜味好。用其肥稻田，作物生长强壮、挺拔翠绿、分蘖多、苗高且根系粗壮发达、白根多，有效穗、穗粒数、结实率都有所提高。

(2) 注意事项

1) 沼液的要求

正常运转使用两个月以上，并且正在产气的沼气池出料间内的腐熟沼液；出料间中倒进了生人粪尿、牲畜粪便及其他废弃物的沼液;起白色膜状的沼液不能用。发酵充分的沼液为无恶臭气味、深褐色明亮的液体,pH值为7.5~8.0。根据不同目的采用纯沼液、稀释沼液进行喷施。

2)喷施量

喷施量应根据作物品种、生长阶段、环境等不同因素决定,具体喷施程度为湿而不滴。

3)喷施时间

喷施时间在早上8:00~10:00进行。不能在中午高温时进行,以防灼烧叶片;雨前不能喷施,否则被雨水冲走不起作用。尽可能喷洒在叶片背面,有利于作物快速吸收。

4)沼液的处理及喷施的时机

喷施用的沼液首先要用细砂过滤,除去固形物,避免堵塞喷雾器。喷洒工具手动或自动均可。

果树喷施沼液一定要在采果后一周内,因为此时是树体急需养分水分供给的关键时机。要做到因树制宜,用量适当。凡土质较好,当年产量低,树势居中上的树,为保障安全越冬,喷施沼液的次数不宜多,冬季最多两次,采果后一周内一次,12月底一次,每棵树用量控制在0.5~0.8kg。反之,当年产量高,树势差,土质差的树可多喷,并加大用量。从采果后到来年二月可每隔20天喷一次,用量可视树生长情况,每棵用沼液1~1.5kg。果树共喷施4~5次,不但达到保养果树生理性能,还能增强果树的抗冻害能力。

5)山地果园滴灌施肥更要求合理布局

猪舍应建在果园纵向中线的较高地势处,位置低于自来水源,这样既可保证正常供水,又能最大限度地自流滴灌。要把沼气化粪池建在猪舍中央地下,使舍内地面倾向池子,让粪便、尿、冲洗水自流入池,做到雨、粪水严格分流,收到保持卫生、增积肥料的双重效果。并且严把沼液过滤关,要把沼气化粪池建成中央沼气发酵池和外围环形沼液沉淀过滤槽及贮液池三部分,最好采用直管进料,便于粪、尿、水进入沼气发酵池发酵产气后,排入外环形槽。外围环形槽容量应视发酵池的大小而定,以不大于发酵池容积的1/4为宜。外围环形槽内应设置插式塘屏，用于拦截杂物，滤出清液，以保持输配液畅通。塘屏可用粗细合适的镀锌管或硬塑管做成矩形屏框，框内套上滤板并将其紧绑于框架上。滤板可采用贝壳(粗滤料，厚度2~3cm)或聚乙烯泡沫(细滤料，厚度2~3cm)等材料制作板，表面网上细目尼龙网。沿着水流方向，应先插粗滤板，后插细滤板，滤板只数应以使实验色度变浅且澄清为准。

6) 管道敷设技术要点

① 选材。整个系统应以使用塑料管为好。其主要优点是耐腐蚀、价廉又易于安装。主流管应选用PVC耐高压管，分流及次分流管要采用有弹性且有较好强度的塑料管。

② 埋置。应尽可能把管道埋没于地下，以免外力破坏和因阳光直射老化破裂，主流管埋深30~50cm，分流、次分流管埋深视果树品种而定，龙眼园40~60cm，枇杷园30~40cm。要求分流管穿越果树根系区，每一根系区配置1~2个滴孔，孔位置以利于均匀滴液为准，其半径5~7cm的球形空间内，应填充粗砂细石，以便滴液散渗，防止孔口堵塞。

③ 合理选择管(孔)径。分流、次分流管过水面积之和，应略小于主流管断面过水面积之和；滴孔面积之和，也应略小于分流、次分流管过水面积之和。这样才能保持输、配、滴管各部分间的流量平衡。控制不同等高线上的滴量相对平衡，是滴灌系统的基本要求，而由于山地高度相差悬殊，各点上的管内水压差异很大，因此以不同大小的滴孔来控制浸液量则是保持平衡的关键。

④ 防堵塞。在主流管上，每隔一定长度(20~30m)设置一个排淤口，口端配一个同径阀门；同样，在分流管途中也设排淤口，次分流管末端或每隔5~10m，再设置一排淤口，口端用橡皮塞(盖)封紧。清淤时，只要从主滴管注入带压力的清水，然后自上而下，分别打开排淤阀(口)，即可洗净管道与滴孔。

⑤ 日常管理。经常清洗滤板，检查系统是否在根部外漏水，若发现应立即修好。最好采用既可沼液滴灌又可清水滴灌的系统。应用时只要抽掉滤板即可。

2. 沼渣的特性

厌氧发酵过程中，发酵原料中未能分解或分解不完全的物质与随发酵原料进入反应器的尘土及其他杂质由于重力作用而沉积在反应器底部形成流态物质，这些流态物质干燥去除水分后就形成了沼渣。农村户用沼气池的出渣物是沼渣和沼液的混合物，也笼统地称为沼渣。本节所指沼渣是指反应器出渣物经自然风干后的固态物质。

沼渣的基本特性

沼渣保持了厌氧发酵产物中除气体外的所有成分，同时由于微生物菌团和未完全分解原料的加入，使沼渣具有其独有的特性。

1) 沼渣作为肥料施用

① 营养成分的多样性及均衡性。沼渣的物质组成和投入原料有较大的差别，其有机质含量达到40%以上，腐殖酸含量达到20%左右。同时由于人畜粪便中含有尿素、尿酸、维生素、生长素等物质，这些物质在发酵过程中除一部分分解转化为多种氨基酸物质外，还能形成和保留类似维生素、生长素等物质。另外，发酵原料的氮、磷、钾元素在发酵过程中损失较小，施用后其养分具有逐步稳定释放的特性。

② 增强土壤保水(墒)保肥能力和提高影响元素释放的持久性。沼渣肥料中含有的腐殖质疏松多孔又是亲水胶体，能吸持大量水分，故能大大提高土壤的保水能力。

③ 肥料的环保性。沼渣肥料与其他肥料最明显的区别就在于它所具有的环保性能。化学肥料长期使用会改变土壤性状，降低肥力，造成土壤板结，作物对化肥的依赖性增强；同时在施用期间短时间内大量释放过多氮、磷元素造成地下水或地表水的富营养化，危害正常的生态环境。

④ 提高土壤有机质含量。沼渣中含有多种有机物质和微生物菌团，这些物质对土壤的理化特性具有明显的改善作用。

⑤ 沼渣对盐碱化土壤有较好的改良作用。沼渣中富含胡敏酸和富里酸等酸类物质，施肥时消除了引起土壤碱化的主要盐分物质碳酸钠，降低土壤碱度，同时多种有机物的施加，提高了土壤交换容量，增加土壤孔隙度，促进土壤胶体形成。

另外腐殖质是一种含有多酸性功能团的弱酸，其盐类具有两性胶体的作用。当连续施用沼渣肥料时，可增强土壤缓冲酸碱变化的能力。

⑥ 促进作物的生理活性，提高粮食产量。沼渣中的腐殖酸在一定浓度下可促进植物的生理活性。

⑦ 减少农药和重金属的污染。沼渣中的腐殖质有助于消除土壤中的农药残留和重金属污染以及酸性介质中铝、铁、锰的毒性，减少对作物的危害和对土壤的污染。

2) 沼渣作为饲料

沼渣含有发酵所产生的多种蛋白质和氨基酸，这些物质可以作为某些特殊养殖业的饲料来源。沼渣作为饲料使用时只是部分替代饲料但并不能提供完全的营养来源。沼渣作为替代饲料用于水生动物养殖的方法目前还存在一定的争议，主要是沼渣在给鱼类提供饲料的同时也在一定程度上造成了水体污染，对于局域水质影响严重。

3. 工业沼肥生产技术

农村户用沼气副产物沼渣、沼液综合利用可有效改善农村生态环境，促进农村地区经济发展。但对于一些大型养殖场的沼气发酵副产物来说，由于数量太大，无法像农户那样分散处理，因此需要采取必要的工业化措施处理。工业沼肥既可以为农业生产提供必要的有机肥料，又能改善企业生产环境，增加收入，提高企业效益。

工业沼肥产品生产的关键问题就是固液分离过程（脱水）时营养物质的流失和辅助剂配合添加等，同时，其产品规模直接受反应器处理能力的限制，原料来源在一定程度上限制商品化的进程。

3.3.5 畜禽养殖场沼气工程案例

1. 杭州某牧业公司沼气工程

（1）地理位置

该公司位于全国生态示范城市——临安市西南部的板桥乡，三面环山，有着良好的自然和生态环境，是一家以畜牧业为主的生产企业，生产过程中产生大量的有机废弃物。公司处于国家级森林公园青山水库水源保护区上游，地理位置十分敏感。

(2) 饲养规模

目前饲养奶牛 1000 头，生猪存栏 5000 头。

(3) 废水处理工艺流程

废水处理工艺采用"废水厌氧消化生产沼气"和"厌氧发酵出水综合利用"的处理方法。

厌氧消化罐采用的是 UASB 发酵工艺，后续处理采用的是稳定塘、厌氧塘、人工湿地等组合工艺。

(4) 经济效益分析

从工程投资及收益情况可以看出，在经济收入中，废水治理工程的收益——收入与支出相抵为－21.6893 万元，每年需投入费用，但有机肥料的收益——收入与支出相抵为 65.7354 万元，整个生态工程总收益为 44.046 万元，整个工程回收年限为 6.58 年，按 7 年可回收整个生态工程的投资。其中 24.78 万元为青饲料的收入，不纳入工程总收益中，按可比价格计算，生态牧业工程的实施可为附近农民直接增加经济收入 12.39 万元，即每亩可增收 855 元。随着生态工程的实施，不仅可以给公司带来经济效益，还给附近农民增收带来希望。

2. 嘉兴市某牧业公司沼气工程

(1) 地理位置

位于秀城区七星镇国家农业科技园区核心区农业高科技孵化园（占地 1121 亩）。

(2) 饲养规模

该公司目前存栏肉猪 12000 头，年出栏商品肉猪 25000 头，还提供其他优质种畜禽。

(3) 废水处理工艺流程

废水处理工艺采用"废水厌氧消化生产沼气"和"厌氧发酵出水综合利用"的处理方法，具体采用的是先进的德国 LIPP 厌氧发酵罐、厌氧 AF＋稳定塘生态处理利用组合工艺。

(4) 经济效益分析

项目的实施给企业带来一定的经济效益，其中，有机肥收入有 36 万元。沼气收入 4 万元/年。

可以看出，采用沼气工程和商品有机肥加工生产等养猪场废弃物综合治理工程，将有机肥料的收益和沼液肥综合利用的效益充分发挥，经济效益还是很可观的，更重要的意义还在于环境效益和社会效益，使公司在生态牧场建设方面锦上添花，不仅提高畜牧场清洁生产水平，改善畜牧场周围环境，同时也为基地附近的种植农户提供优质的有机肥源，带来良好的经济效益。

4 太阳能应用

4.1 太阳能应用概述

太阳是一个拥有巨大炽热气的球体,内部不断进行热核反应,从而释放出巨大能量。

中国是世界上太阳能资源最为丰富的国家之一。我国太阳能年辐射总量大于 $5400MJ/m^2$ 的地区占国土面积的 76%,表 4-1 是中国不同太阳能资源区得到的太阳能年辐射总量。显然,我国具有发展太阳能利用的优越自然条件。

中国不同太阳能资源区内的太阳能年辐射总量　　表 4-1

资源区划代号	名 称	指 标
Ⅰ	资源丰富区	$\geqslant 6700MJ/(m^2 \cdot a)$
Ⅱ	资源较富区	$5400 \sim 6700MJ/(m^2 \cdot a)$
Ⅲ	资源一般区	$4200 \sim 5400MJ/(m^2 \cdot a)$
Ⅳ	资源贫乏区	$<4200MJ/(m^2 \cdot a)$

太阳能可以转换为热能和电能利用,前者称之为太阳能的光热利用,后者称之为太阳能光伏发电。按照使用对象,太阳能的光热利用又可分为太阳能建筑应用和太阳能工农业应用;太阳能建筑应用包括太阳能热水、太阳能供热采暖、太阳能制冷空调和太阳灶,太阳能工农业应用包括太阳能海水淡化、太阳能干燥、太阳能温室、太阳能工业用热和太阳能热发电。

根据我国目前的经济发展水平,近期适宜在广大农村地区推广的太阳能应用技术主要有:太阳灶、太阳能热水器、太阳能温室和太阳能供热采暖(太阳房)。

4.2 太阳灶

节能-10 太阳灶技术

太阳灶结构简单、制作方便、成本较低,是解决农村炊事用能的一项有效措施。

目前推广使用的太阳灶主要有箱式和聚光式两种。箱式太阳灶可以利用太阳辐射的直射光与散射光两部分辐射,但灶温低于200℃,不能用于炒菜,只能煮饭、烧开水;聚光式太阳灶只能利用太阳能的直射光辐射部分,但功率大,温度可达500℃左右,可以炒菜,是农村使用最多的一种太阳灶。

4.2.1 聚光式太阳灶

聚光式太阳灶目前较常用的三种是旋转抛物面、偏轴抛物面和折叠式聚光太阳灶,最基本的一种是旋转抛物面聚光式太阳灶(图4-1)。

旋转抛物面聚光式太阳灶的设计参数有太阳灶的采光面积、灶口直径、聚光比、收集角、误差角、焦斑直径和焦距。

太阳灶的口径决定了太阳灶的采光面积,采光面积过小、功率小,火候

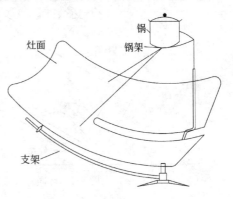

图 4-1 抛物面聚光式太阳灶

不足,如采光面积增大,则太阳灶的口径加大,炊事操作不便。按照经验,四口之家,其采光面积以 2m² 左右为宜。在太阳灶的效率为 50%、其采光面上的太阳能直射辐射辐照度为 1000W/m²(大致相当于较好晴天的中午)的设计条件下,太阳灶口径 D、采光面积 A 和太阳灶功率 P 三者的关系可参照表 4-2。

设计条件下太阳灶口径、采光面积和功率之间的关系					表 4-2
采光面积 $A(m^2)$	1.0	1.5	2	2.5	3.0
灶口直径 $D(m)$	1.128	1.382	1.596	1.784	1.954
灶功率 $P(W)$	500	750	1000	1250	1500

4.2.2 箱式太阳灶

箱式太阳灶主要结构为一个箱体，四周有保温材料，内表面涂有高吸收率的涂层，顶部由三层玻璃板组成透光兼保温的盖板。太阳辐射投射进箱内后被吸热涂层吸收，加热箱内空气使温度不断上升；当投入热量与散出热量平衡时，箱内温度就不再升高，达到平衡状态。目前常用的箱式太阳灶主要有三种类型：

(1) 普通箱式太阳灶

普通箱式太阳灶包括箱体、箱盖、饭盒支架和活动支撑等部分（图4-2）。

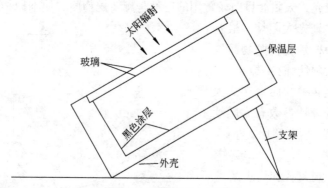

图 4-2 普通箱式太阳灶

箱体的边框用 2cm 厚木条作榫衔接，木条内壁开角槽，箱壁纸板钉在角槽上，箱体上边框的内侧下沿再钉一圈 1cm 见方木条，木条上粘一层绒布，用来安放箱盖，为加强密封，箱内再裱糊两层纸。箱盖用三层玻璃做成，先做好盖框，盖框大小与箱体相适合，三层玻璃以各间隔 1cm 钉在盖框上，四周用灰泥封实，防止透气和进灰。

保温层用松软的棉花和纸做成，箱底保温约需棉花 0.6～

0.85kg，按箱底大小絮成三层，之间用四层纸包严格隔开，压后用针线引好，做成褥子一样，用线绳和小钉固定在箱体后，再用牛皮纸覆盖与箱的四壁贴牢；箱壁保温约需棉花 0.5~0.75kg，分别用纸卷成两长两短的棉花卷，卷上也引两道线、压成约 5cm 厚，紧贴在箱的四壁，用牛皮纸粘严。箱底、四壁的牛皮纸要涂成黑色。

饭盒支架可用 8 号镀锌钢丝弯成，安放在箱内预先装好的木挂条上，支架上托放饭盒。活动支撑用木条做成，支在箱底上，可以转移箱体，使箱面始终与阳光垂直；在箱盖一角垂直扎一根大头针，如钉的周围无影，表示箱面与太阳光垂直。

合格的普通箱式太阳灶在垂直入射太阳光的照射下，箱内温度可达到冬季 135~145℃，夏季 140~150℃。

(2) 加装平面反射镜箱式太阳灶

在箱体四周加装平面反射镜，是提高普通箱式太阳灶温度和功率简单易行的改进方法之一，称之为加装平面反射镜箱式太阳，外形见图 4-3。

反射镜用铰链镶接在边框上，并可固定成任意角度。调节反射镜的倾角，可使入射阳光被全部反射进箱内。反射镜可采用普通镀银镜面、

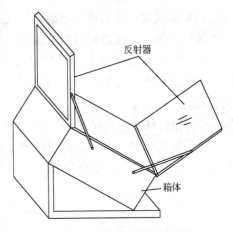

图 4-3　加反射镜的箱式太阳灶

抛光铝板或用真空镀铝聚酯薄膜贴在薄板上制成。根据经验，加装反射镜，太阳灶箱温度最高可达 170℃以上，使煮食效果显著提高。虽然增加镜子使成本提高，但在增加反射镜的同时可相应缩小太阳灶的体形，所以总体造价和普通箱式太阳灶相差不多。

斜坡箱式太阳灶是另一种类型的加反射镜箱式太阳灶，目前被广泛使用，外形见图 4-4。

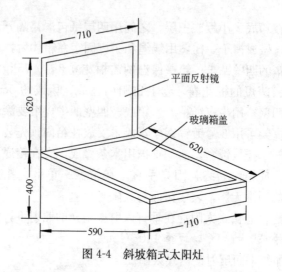

图 4-4　斜坡箱式太阳灶

斜坡箱式太阳灶的玻璃箱盖为斜坡形,可在窗框的前、后各安装 1 块反射镜。其优点是可省去太阳灶的支架和饭盒挂架,稳妥可靠、使用方便;箱温可达 180℃ 左右。根据计算,加装 1 块反射镜时,玻璃窗与水平面的倾角 $\alpha = \varphi - 6°$,聚光度 1.5 左右;加装 2 块反射镜时,倾角 $\alpha = \varphi + 10°$,聚光度 2.0 左右。

(3) 抛物柱面聚光箱式太阳灶

抛物柱面聚光箱式太阳灶吸收聚光式和箱式两种太阳灶的优点制成。图 4-5 为该型太阳灶的箱体剖面图,整体外形如图 4-6 所示。

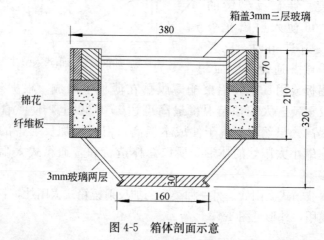

图 4-5　箱体剖面示意

4 太阳能应用 | **093**

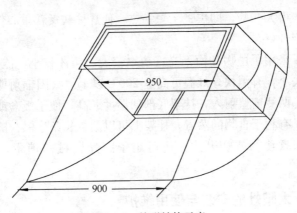

图 4-6 外形结构示意

阳光由上面箱盖窗口直接入射,并由箱体下面两侧的抛物柱面镜反射聚光后进入箱内,反射原理见图 4-7。抛物面用铰链安装在箱体下面的框架上,外侧用活动撑杆与箱体固定。拆去撑杆后,抛物面可折叠成尺寸为 950mm×390mm×620mm 的箱子,便于放置和携带。

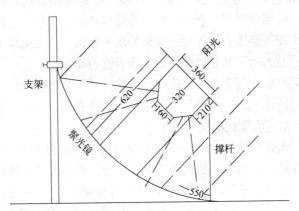

图 4-7 光路示意

长条形箱体内装有挂架,每次可放 12 个饭盒,比一般箱式太阳灶容量增加一倍。设计时箱体的内空尺寸,可按所装饭盒的大小和数量确定挂架尺寸,而且沿轴线安置的长条形挂架要能在箱体内自由旋转。由于并不追求过高的聚光比,所以其抛物柱面镜的收集

角 α 可选得大一些，即焦距 f 短一点，使灶体较矮，重心低，使用时的稳定性好。

由于采用了抛物柱面聚光，功率较大，箱体较小，能量集中，散热损失小，升温快，灶温可高达 200℃以上。太阳辐射能主要由箱体下部两侧窗口射入，挂架底部的温度最高，便于饭盒或锅中的水对流，有利于食物的蒸煮。挂架上可以放置长条形锅、圆筒形水箱，用来煮食物或烧开水，还可用于医疗器械的消毒，有多种用途。

4.2.3 太阳灶的安装与使用维护

（1）旋转抛物面聚光式太阳灶锅架、支架安装与跟踪调节

太阳灶上用于支撑锅具的锅架，有两种安装方式：

1）将锅架支撑在地面上，锅架在使用中稳定可靠，但使用过程中灶面须绕锅底转动，重心位移较大，调节费力，容易导致灶体倾倒。

2）将锅架支撑在太阳灶面上，调节跟踪太阳时锅架随灶面一齐转动，必须使锅架在调节过程中始终保持水平。最简单的办法是利用配重使锅架重心低于通过锅架的水平转轴，使太阳灶面可绕通过灶面重心的水平轴做俯仰调节，调节省力而稳定。

灶面跟踪太阳方位角的机构有两种：一种是将整个灶面安装在一根竖直转轴上；另一种是将灶面安装在带有轮子的支架上。

（2）箱式太阳灶的使用维护

箱式太阳灶使用方便，一般不用看管，放进食物后 2～2.5 小时即可煮熟。但因冬夏的气温差别和食物种类的不同，照射时间和食物数量要灵活掌握，并摸索出规律。使用时，要先掸去玻璃上的灰尘，使箱面与太阳光垂直。夏季预热半小时，冬季预热 1 小时；等箱内温度上升到 100℃以上时，掀开箱盖，挂入食物后盖严。使用过程中要调整二三次箱体的角度和方向，如没时间调整则需计算食物从生到熟全过程太阳移动的角度，选中间位置放好箱子。连续使用时，取出食物后要马上盖严，防止热量散出；不再使用时，把箱子放回室内或暂时把箱盖错开，降低箱温，千万不能让空箱在太

阳光下长时间暴晒。

箱式太阳灶可以蒸馒头、蒸包子、焖米饭、炖肉等。食物放进饭盒后，须将盒盖盖严，再在盒上盖层黑布，以防止盒面反光。蒸面食时，面要和得稍软，发酵七八成就行，否则箱内升温，微生物仍继续升温，会使馒头发酸。用抛物柱面聚光箱式灶煮猪食时，7.5kg 白菜加 0.5kg 冷水 2 小时可煮熟，烧开水则每小时可烧 3kg 左右。箱式太阳灶灶内的温度虽高，但还不到导致烧焦的程度，所以，还可用于烘干烟叶、辣椒等农产品。

4.3 太阳能热水系统

节能-11 太阳能热水系统技术

4.3.1 太阳能热水系统的类型

太阳能热水系统是利用太阳能加热水的装置。简单的太阳能热水系统由集热器、贮热水箱、支架以及冷热水供水管路构成，高性能的太阳能热水系统会带使用其他能源的辅助加热装置，会有满足各种安装、运行和使用要求的功能部件。

太阳能热水系统中的集热器，常见的有全玻璃真空管集热器、金属平板集热器、热管真空管集热器和内置金属流道的玻璃真空管集热器。

优异的保温性能使玻璃真空管集热器（结构见图 4-8）有非常好的高低温工作性能和冰冻气候耐受性能。

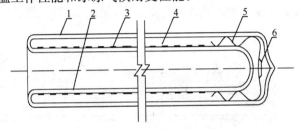

图 4-8　全玻璃真空集热管结构示意

1—内玻璃管；2—外玻璃管；3—选择性吸收涂层；4—真空；5—弹簧支架；6—消气剂

普通平板集热器(结构见图4-9)本身不具有抗冰冻的能力,使用平板集热器的系统一般通过系统设计解决系统在冰冻气候下工作的问题。

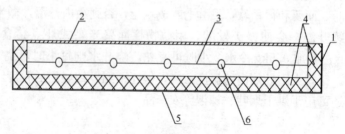

图4-9 平板太阳能集热器结构示意
1—边框;2—透明盖板;3—金属板芯;4—绝热层;5—背板;6—流道

热管真空管集热器(结构见图4-10)在属于低温应用范畴的普通生活热水系统中使用时,具有单向传热、启动迅速、不怕冰冻、热容小、耐压高及优异的保温特点,也具有热管、玻璃真空管及二者结合固有的问题:价格相对比较高;集热器热交换端头容易超温结垢,导致换热效率下降,进而使系统工作效率下降的问题。

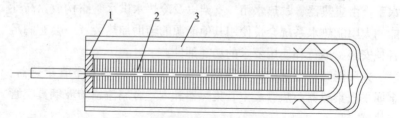

图4-10 热管全玻璃真空集热管结构示意
1—保温堵盖;2—热管吸热板;3—全玻璃真空管

内置金属流道的玻璃真空管集热器(见图4-11)是综合平板集热

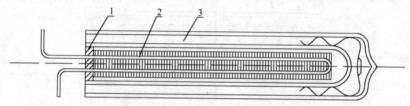

图4-11 U形全玻璃真空集热管结构示意
1—保温堵盖;2—U形管吸热板;3—全玻璃真空管

器和玻璃真空管集热器二者优点的产品，但也具有价格相对比较高，组合技术要求比较高，外形改变困难等缺点，工程应用上也受到一定的制约。

太阳能热水系统中的贮热水箱按内胆制造材料区分，常见的有不锈钢水箱、搪瓷水箱、钢板涂层水箱和铝制水箱；按是否可以承受内压，可区分为承压水箱和非承压水箱，承压水箱也叫做封闭式承压水箱，非承压水箱也叫做常压水箱或常压开口水箱。

太阳能热水系统中的辅助加热装置可以是煤炉、电加热器或使用其他能源的加热器。辅助加热器的控制器可设计安装在放置于建筑设备间、平台等地方的贮热水箱上，也可以设置在方便观察和调整的建筑室内。

太阳能热水系统按收集太阳能的工作运行方式方法分类，可分为自然循环系统、强制循环系统和直流式系统。三种系统各有特点，适用于工作要求和使用条件不同的地方。

自然循环系统(见图4-12)不需要额外附加动力，由太阳光热驱动，自然循环运行工作。自然循环系统能正常运行的基本条件是系统贮热水箱设置的位置高于集热器上端，在集热器中被加热的水能顺畅、自然地流入热水箱贮存备用。自然循环系统是太阳能热水系统中最简单的系统，也是价格最低、毛病最少、目前推广应用最多的太阳能热水系统。

强制循环系统(见图4-13)运行需要额外附加动力，最简单方便的额外附加动力就是电

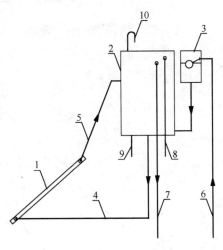

图4-12 自然循环系统示意
1—太阳能集热器；2—热水箱；3—补水箱；
4—下循环管；5—上循环管；6—冷水给
水管；7—热水供水管；8—溢流管；
9—排污管；10—排气管

力驱动的水泵。强制循环太阳能热水系统不要求固定系统中贮热水箱和集热器的相对设置位置,不要求在集热器中被加热的水能顺畅、自然地流入系统贮热水箱进行贮存备用,因此系统布置灵活,可以应用到很多自然循环系统不能应用的地方。

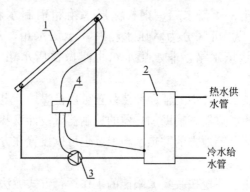

图 4-13　温差控制强制循环系统示意
1—太阳能集热器；2—热水箱；
3—循环泵；4—温差控制器

直流式系统(见图 4-14)是水一次流经集热器加热供用户使用的

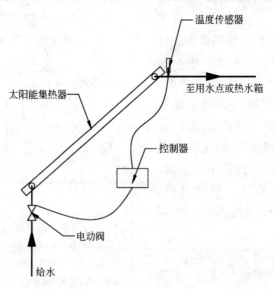

图 4-14　直流系统示意图

系统，在不同的使用条件下，直流式系统可以使用定温控制器和水泵支配运行，也可以使用温控阀、借助集热器中水的压力运行。直流式太阳能热水系统的适用对象一般为游泳池补充水加热或要求提供恒温热水的地方。

4.3.2 太阳能热水系统的选购

没有辅助热源的太阳能热水系统以春秋季节好用为条件来设计系统每天产出热水的温度、数量，全年统计获得的太阳热量会最多，但冬天供水温度会较低。

有辅助热源的太阳能热水系统，系统产出、供用户使用热水的温度、数量可以进行控制，可以让系统在利用太阳能的前提下，根据需要随时以手动的方式供应定温热水。

全玻璃真空管太阳能热水系统具有优异的保温性能，气候适应性广泛，优质产品可以在全国的各种气候条件下安装使用。

紧凑式金属平板太阳能热水系统具有优异的低温得热性能和高温衰减保护性能，具有很长的使用寿命，在没有长期零下冰冻气候条件的我国南方地区应得到大量的推广使用。设计优秀、管理得当的分离式金属平板太阳能热水系统可按建筑要求制造集热器外形，热水箱可以随意地设置安装，可以在各种气候条件下安装使用，供应的热水和供应热水的方式能全面满足建筑给水规范和建筑节能的要求，能方便地实现与建筑一体化。

了解自己的需求，我们就可以确定买什么样的系统或产品、多大的系统或产品。精心选择生产厂家和产品经销商，是正确选购太阳能热水系统的关键点。

对生产厂家和系统经销商、代理商进行选择，主要从经营历史、专业背景和生产经营规模、用户口碑等方面进行考察。持续经营了一定时间的公司、商家，在经营管理和生产制造、工程安装经验方面会有一些优势；有专业工程技术设计和研发能力的公司、商家，系统产品的性能质量会更可靠一些；生产经营上规模的公司、商家，系统产品的工艺水平可能会精良一些；用户口碑好的公司、商家肯定可以使消费者使用系统和产品时更省心、更放心。

在选择了系统生产厂家，选择了具体的系统产品之后，消费者还应以合同的形式，明确系统产品的功能和性能，明确系统产品的供货和安装时间，明确系统产品的安装责任和售后服务责任。总之，用法律文件的形式明确买卖双方的权利、责任和义务，能够保障消费者的权益。

4.3.3 太阳能热水系统的安装调试、验收移交

太阳能热水系统基本都是安装在建筑物上，安装施工都在高空进行，因此，太阳能热水系统的安装调试工作应该由经过专业职业培训、有工作经验的人指导进行。安装施工人员在施工作业过程中，要按照国家和地方制定颁布的太阳能热水系统安装施工规范的要求进行，安装施工工作要严格遵守施工操作规程，重视高空作业安全，重视重物搬运起吊和运输安全，避免高空攀爬行走失稳坠落，避免使用和携带的工具、物品坠落，避免焊接火花坠落引发火灾，避免在有雷雨的恶劣天气条件下高空作业。

安装时要重点考虑安装位置、确定朝向、安装施工及维修维护人员可否安全正常的工作。

热水系统或热水系统的部件安装就位后，应根据建筑物的具体条件，将其稳妥牢固地锚固在建筑物上。

太阳能热水系统或系统贮热水箱、集热器定位安装完毕后，安装施工人员应按系统工作运行的技术要求和设计文件要求，正确连接系统的循环工作管路和冷热水供水管路，正确地对管道或需要保温、防护和防腐的部件、零件进行保温、防护和防腐处理。有水泵和电气控制装置、电辅助加热装置的系统，应按相关的施工规范规定，正确地进行电气连接，并正确地做好系统的漏电保护和防雷接地保护工作。

系统安装工程完成后，安装施工人员应按照系统设计要求，将系统启用、运行和停用时需要特别告知、提醒用户的重要注意事项，分别或集中的制作成简单、美观、通俗、易懂的文件，醒目地粘贴在系统部件上。

系统安装完毕，在投入使用前重要的工作环节是调试。调试的

工作内容是按设计和运行的要求,检验系统安装的成果。系统的调试工作应尽可能地邀请用户参加,让用户尽早了解系统的运转。

系统调试正常经试运行稳定后可以进行移交。系统移交包括实物移交和技术文件移交。移交的实物为可正常运行工作的系统、合同约定的备品备件;移交的技术文件为系统设计文件、系统使用说明书和注明起始时间、服务期限和各方责任的系统售后服务文件。

在系统移交过程中,施工单位应当面或书面对用户或负责系统运行管理的单位、部门进行必要的系统使用技术交底,并进行系统使用、管理和维护技能的培训。

4.3.4 太阳能热水系统的使用与管理维护

用户或负责系统运行管理的单位和部门接受移交的系统后,应认真阅读系统使用说明书,并按照说明书的提示和规定,正确地操作和使用系统。

为保证热水系统能长期、高效、安全、稳定、正常的工作,系统用户或负责系统日常运行管理的单位和部门还应自行或约请专业公司做好下列工作:

(1) 定期观察和检查系统集热器及连接管路,根据需要对系统集热器进行必要的清洁,对集热器及连接管路进行维修护理。

(2) 定期观察和检查系统中集热器、贮热水箱支架和基座的状况,进行必要的防腐、加固等维修护理。

(3) 定期观察和检查系统中集热器及贮热水箱的安装、防雷接地和锚固状况,并进行必要的防腐、加固等维修护理。

(4) 定期观察和检查系统中贮热水箱和水箱上的防腐蚀、防超温、超压安全附件的状况,进行必要的维修护理和零件更换。

(5) 定期观察和检查系统中传热工质数量和品质的变化,并按照系统技术要求进行必要的加注和更换。

(6) 定期观察和检查系统中控制器、传感器、信号传输线和电线电缆的连接部位是否松脱或接触不良。

最后,用户和负责系统运行管理的单位、部门还应注意合同是否约定系统使用寿命。如有约定，系统超期使用时，应对系统进行必要的使用安全诊断，并根据诊断意见，对系统的使用和改造做出正确合理的处置决定。

4.4 太阳能温室

节能-12 太阳能温室技术

4.4.1 太阳能温室的分类与特点

我国各地的温室类型很多，分类如下：

(1) 根据用途分类

有展览温室（观赏温室）、栽培温室、繁殖温室、育种温室、光照试验温室等。

(2) 根据建筑结构分类

有土温室、砖木结构温室、钢筋混凝土结构温室、钢结构温室。

(3) 根据温度分类

有高温温室，冬季室温 18~36℃；中温温室，冬季室温 12~25℃；低温温室，冬季室温 5~20℃；冷室，冬季室温 0~15℃。

(4) 根据采光材料分类

有玻璃温室、玻璃钢温室、塑料薄膜温室等。

(5) 根据外形分类

有单屋面温室、双屋面温室、连接屋面温室、鞍形温室、多角形温室、圆形温室、斜向温室等。

(6) 根据采光面朝向分类

有南向温室、东西向温室。

4.4.2 太阳能温室的设计

温室的主要作用是在不适合植物生长要求的季节或不适宜植物生态要求的地区进行植物栽培；温室建筑设计的关键是创造可使植物正常生长发育的条件。必须将建筑和植物栽培两门学科紧密配合，既保证温室结构的安全性和耐久性，又满足栽培植物的不同生态要求。

(1) 温室的采光

通过对温室的建筑方位、屋顶角度的合理选择，以及使用高透过率的顶面覆盖材料等，最大限度地提高温室接收太阳辐射的能力。

1) 温室的方位和屋顶角度

温室的方位和屋顶角度会影响太阳直接辐射在温室顶面的入射角，而入射角对光线反射率的影响很大。为增加透过温室顶面进入的太阳辐照，必须选择适宜的温室屋顶倾角，以减小对入射光线的反射率。

温室利用以冬季为主，确定温室顶面玻璃的倾斜角度一般以冬至日中午的太阳高度角为依据进行计算。温室顶面向南的坡度越大，冬至中午太阳光线与屋顶面的交角就越大，照射到温室内的太阳辐射热量也会越多；当交角为 90°时，照射到温室内的太阳辐照度最高，接收到的热量最多。但由于在我国纬度较高的北部地区，太阳高度角较小，要求太阳光线与南向玻璃面交角保持 90°在结构上不易处理，所以在设计时以冬至太阳光线与屋顶玻璃面的交角不小于 50°（太阳光线入射角小于 40°）为宜。

2) 温室的透光材料

温室透光材料对太阳辐射的透过率越高，温室内的温度就越高；而对于红外辐射的透过率越高，温室的保温性能就越差；所以，设计时应尽可能选择有较高太阳辐射透过率和较低红外透过率的透光材料。

目前，常用的温室透光材料有玻璃或无色塑料薄膜，较好的塑料薄膜(厚度为 0.1mm)对太阳辐射的透过率与玻璃相近，但对于红外辐射的透过率却高于玻璃，因而用塑料薄膜温室的保温性能比玻璃温室要差。

透光面表面附有水滴和灰尘时，会影响温室的透光性能，可采用无滴薄膜或实行人工涂抹、敲打等措施消除影响。

(2) 温室的保温

温室内所种植物原产地的纬度、海拔高度、年平均温度、气温的日较差和年较差等数据,是温室进行保温或增温、降温设计,室温人工或自动控制的依据。

1) 温室的最低温度

温室应满足植物生长所需的最低温度。大温室的保温性能比小温室好,相应的温度下降少,增温效应大;室内最低温度和土壤温度的提高,大温室比小温室显著。

2) 提高温室内最低气温的措施

增加温室白天接收的太阳辐射,减少温室夜间的散热损失,是提高温室室内温度的有力措施。

针对我国使用最多的中、小型温室,目前常采取的措施有:温室顶部使用双层薄膜(或玻璃);夜间用帘子覆盖保温;温室内加设小型覆盖;温室的北面或东、西、北面用保温性能更好的墙体堆砌等(不便在大型温室推广)。

传统和可靠的措施是利用煤、油等常规能源提高夜间和阴雨雪天时的室温。为减少常规能源的消耗,设置太阳能集热、蓄热系统是一个很好的方法。白天利用系统中的太阳能集热器集取太阳能热量,热量贮存在系统中的蓄热设施中,蓄热设施包括贮水箱、水池、岩石床和土壤蓄热埋管等,夜间利用贮存的热量满足温室增温的需要。

(3) 温室的结构设计

目前,我国的太阳能温室工程建设已实现产业化,温室结构大多采用构架式结构,其材料为钢、铝合金型材,可由专业工厂生产,有采用装配式结构的定型产品,拆装方便。对于非定型或有特殊要求温室(特别是玻璃温室)的结构设计,可对比定型产品,按下列原则进行:

1) 结构耐用,能承受实际可能的最大荷载——包括本身自重、积雪量(根据当地历年最深的积雪量计算)和风压荷载。

2) 结构设计合理,能将荷载造成的结构内力传到地面基础。

3) 在不影响温室牢固的前提下所用的材料尺寸应尽量缩小。

4) 选好修建地点,基础要牢固。

4.4.3 太阳能温室的建造与管理

(1) 太阳能温室的建造

1) 建造地点的选择

选择温室建造地点时，应考虑如下因素：

① 地形开阔、平坦：利于布局、采光、通风，减少土方施工；

② 避风向阳：利于保温、采光；

③ 土质良好：利于植物根系生长；

④ 水源便利：保证灌溉用水；

⑤ 排水良好：避免雨季大量积水。

2) 高度与跨度的选择

温室的高度应根据栽培植物的高度和用途确定，玻璃顶部高出植物的距离应不低于50cm，以免冬季植物枝叶冻伤；同时，室内高度应不影响管理；避免建造高度矮、跨度大的温室，一般情况下，跨度应略大于高度或与高度相同为宜。

3) 基础和墙体工程

① 温室基础：温室基础的深度取决于当地冬季冻土层和温室凹入地下的深度，通常应比两者深50~60cm。当建筑重量超过地基土的允许承载力时，必须进行加固措施；常用的方法是：先将基础底部夯实，然后用3∶7的石灰(经粉化过筛)和细土混合，充分拌匀后倒入基槽内，用脚踏实，厚度24cm，再用夯打实至厚度为15cm；最好做两层(见图4-15)。

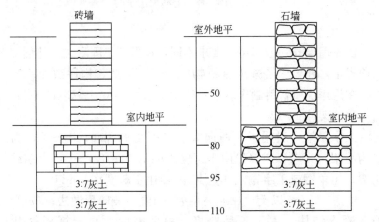

图4-15　温室基础工程断面

② 温室墙体

温室墙体多采用砖墙。由于温室前后坡的结构不同,重心总是偏向高度较低一方,相对墙壁承受的压力不均衡,因此,温室墙壁的保固应高于普通房屋,处理方法为加厚墙壁或适当提高砌筑砂浆的等级。室外地坪以上墙体厚度为24cm,用混合砂浆,地坪以下和承担屋架的砖柱部分用高强度等级水泥砂浆砌筑,厚度根据当地冬季的寒冷程度确定,一般不小于37cm。为提高墙体的保温性能,可用空心砖或砌筑成厚空心墙、夹心墙(两层墙之间的空隙部分填充珍珠岩、木屑、稻草等保温材料);为使两层墙壁结合坚固,每隔1m左右在两墙之间加砌一块连接砖,向上每砌4~5层再砌一块连接砖(见图4-16)。

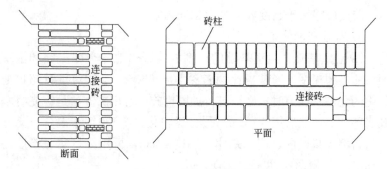

图4-16 厚空心砖墙砌筑

4) 屋架

温室屋架与一般房屋的要求不同,在保证坚固耐久、外形美观的前提下,还要尽量减少对植物的遮光;因此,构件截面不宜过大,须选用优质材料制作。常用的屋架结构为人字屋架(图4-17)和斜人字屋架(图4-18)。

人字屋架一般用于东西向温室。图4-17中的(a)~(d)为木结构屋架,其中(a)、(b)用于跨度10m以内;(e)~(h)为钢结构屋架,用角钢或工字钢制作,其中(e)用于跨度在6m以内,(f)、(g)用于跨度6m以上;(h)为连接屋面温室玻璃顶做法;(i)为钢筋混凝土结构,用于各种跨度,根据跨度大小计算构件截面大小。

4 太阳能应用 | 107

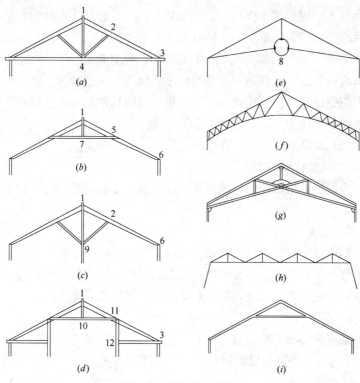

图 4-17 常用人字屋架

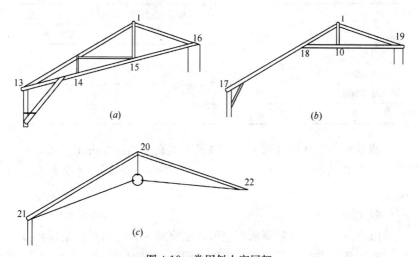

图 4-18 常用斜人字屋架

斜人字屋架用于南向双窗面温室(南向采光面分为前窗和玻璃顶两部分)。图 4-18 中的三种斜人字屋架均为木结构，(a)、(b)用于跨度 6~7m，后部为墙壁时；(c)用于跨度 6m 以内，后部为木板墙或玻璃窗时，仅适用于冬季温暖且风压不大的地区。图中屋架也可用钢结构，但所用角钢、工字钢、圆钢具体型号，需根据跨度大小和承受压力来确定。

(2) 太阳能温室的一般管理

1) 温度管理

为使温室内保持适宜的温度，应注意温度的高低(温差)和土壤温度。

2) 光线

利用温室栽培植物，植物要在与原产地和原生产季节不同的生态条件下生长发育，而且植物与太阳之间隔有玻璃等透光材料，光线本身发生变化，因此，管理时须尽量满足植物对光线的要求。

3) 湿度

温室必须根据植物对空气湿度的不同要求，保持适宜的空气湿度，表 4-3 为不同温度的温室对空气湿度的要求，可供参考。

各类温室的空气湿度要求　　　　　　　　　表 4-3

温室类型	要求的相对湿度(%)		
	最低	适宜	最高
高温温室	80	90	100
中温温室	70	80	95
低温温室	60	70	90
冷室	50	60	80

调节室内空气湿度的常用方法是人工在室内地面淋水；以及在室内空闲地方设贮水池，装人工或自动喷雾设备，屋顶内部喷水等。

4) 通风

植物的生长发育需要新鲜空气，温室通风换气的目的是排出废气，换入新鲜空气，同时调节室内的温度、湿度。

4.5 太阳房

4.5.1 太阳房的分类和工作原理

太阳能供暖方式可分为主动式和被动式两大类。主动式是以太阳能集热器、管道、风机或泵、散热器及贮热装置等组成的强制循环太阳能采暖系统。被动式则是通过建筑朝向和周围环境的合理布置，内部空间和外部形体的巧妙处理，以及建筑材料和结构、构造的恰当选择，使房屋在冬季能集取、保持、储存、分布太阳热能，从而解决建筑物的采暖问题。

目前在农村应优先发展被动式太阳能采暖。

按照太阳热量进入建筑的方式，被动式太阳能采暖可分为两大类：直接受益式和间接受益式。目前常用的太阳房有如下五种类型，后四种均为间接受益式。

(1) 直接受益式——利用向阳面窗户直接照射的太阳能(见图 4-19)

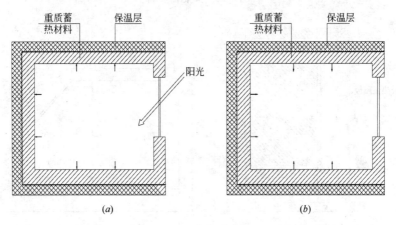

图 4-19 直接受益式
(a)白天；(b)夜间

(2) 集热墙和集热蓄热墙式——利用向阳面墙进行集热蓄热

在向阳面的墙体外覆盖一玻璃罩盖，玻璃罩盖和外墙面之间形成一空气夹层，厚度在 60～100mm 间。墙体贴有保温材料的为集热墙,未贴的为集热蓄热墙。墙的上、下侧可开通风孔,风口设可开关的风门,或完全不开通风孔(见图4-20、图4-21)。

(3)附加阳光间式——在向阳面墙外设置透光温室(见图4-22)

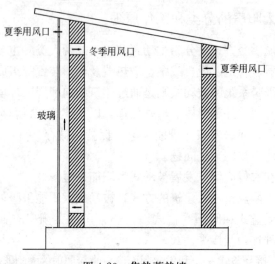

图 4-20 集热蓄热墙

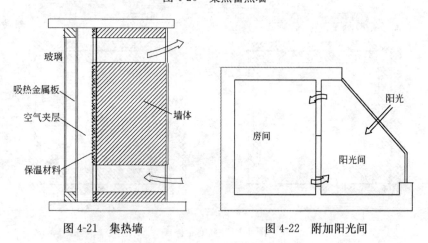

图 4-21 集热墙　　　　图 4-22 附加阳光间

该种形式既可用于新建的太阳房,又可在改建的旧房子上附加上去。

(4)屋顶集热蓄热式——利用屋顶进行集热蓄热(见图4-23)

这种系统适合于南方夏季较热、冬季寒冷的地区,为冬夏两个季节提供冷、热源。可用铝箔反射卷帘做启闭保温盖板,夏季得到隔热。但这种系统的屋面需做特殊处理并且承受负荷较大,对于建筑防震抗震不利;构造复杂,操作不便,防漏防渗问题也是工程难点,所以,未得到推广。

屋顶集热蓄热式的另一种方式是使用相变贮热材料(如图 4-23 所示),阳光射入南窗后,转换的太阳热能被天花板上填充的相变贮热材料吸收,夜晚贮存的热量则不断放出;相变材料能以较小的体积来贮存较大的热量,从而减轻屋顶的承重负荷。

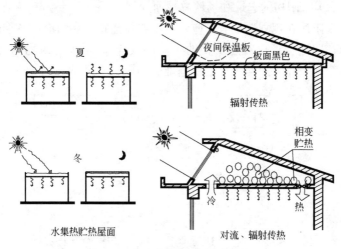

图 4-23 屋顶集热蓄热式工作原理

(5)对流环路式——利用自然循环作用进行加热循环(见图 4-24)

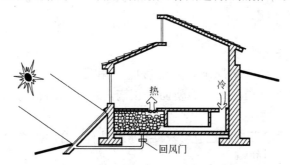

图 4-24 对流环路(自然循环式)工作原理

基本类型有气体式系统和液体式系统,这种类型构造复杂,造价高,采用的不多。

4.5.2 被动式太阳房的设计与建设

节能-13 被动式太阳房技术

由上述两种或两种以上的基本类型组合而成的被动式太阳房称之为组合式太阳房。实际建成的太阳房大多为组合式。

(1) 太阳房的选址和场地总平面规划

太阳房在规划选址时,应注意不要将建筑设在凹地,冬季的冷气流在凹地会形成对建筑物的"霜洞效应",增加建筑物的耗能。另两个应予注意的问题是重视基址的朝阳和避风(见图 4-25)。

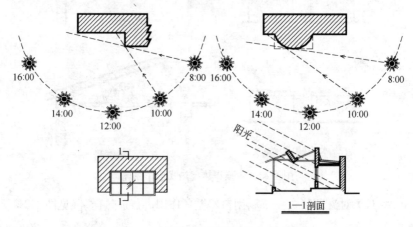

图 4-25 总平面规划设计应考虑要素

(2) 建筑朝向

在条件允许情况下,太阳房应采用我国北方民居"坐北朝南"的传统格局,最好的朝向是正南,可在偏离正南15°范围内选择。

设计建筑朝向时还应与采暖要求相结合,合理调整。

(3) 建筑间距

为保证房间内有满足卫生标准的日照量和日照时间,太阳房和其前方的建筑或其他障碍物之间要留有充足的日照间距，以保证在冬季阳光不被遮挡。建在农村地区的太阳房，日照时间指标可适当放宽。在条件允许情况下，房间的日照时间宜取冬至日正午前后4h，最低条件达到正午前后3h。

(4) 建筑平、立面设计

住宅的主要居室和公共建筑的主要用房(如乡镇卫生院的诊治室、临时观察室等)尽量布置在南面，而辅助用房(如住宅的厨房以及乡镇卫生院的中、西药房、厕所、化验室、库房等)则应设计在北边。这样可在不增加造价，不降低建设标准的前提下，为太阳能采暖提供最佳条件。如果在设计中增加壁橱和贮藏间，既可充实使用功能，又能使太阳房的进深加大且有利于减少建筑热损失。

太阳房的密封性能较好，住宅的净高宜不低于 2.8m；对于人员较多的公共建筑建筑层高还应适当加大。当层高一定时，建筑进深加大会降低供热和节能效果，实践证明，当建筑进深不超过层高 2.5 倍时，可获得较满意的节能效果。

太阳房的形体、立面设计应兼顾两个方面，一是对阳光不产生自身遮挡，二是在层高和建筑面积一定的情况下，减小建筑围护结构的外表面积，以减少热损失，因此，太阳房的形体以正方形或接近正方形的矩形为宜。立面设计应简单，避免立面上的凹、凸，以避免自身遮挡阳光和加大外围护结构面积；设置防风门斗时优先选择内门斗可避免遮挡。

(5) 围护结构保温和遮阳

1) 围护结构的保温和遮阳措施

目前，我国针对不同建筑气候区的各个建筑节能设计标准均对围护结构的总传热系数做出了限制规定，在太阳房的建筑设计中应首先严格遵守这些规定，其具体指标可按照下列标准中的相关表格选用。

① 现行行业标准《民用建筑节能设计标准(采暖居住建筑部分)》JGJ 26

② 现行行业标准《夏热冬冷地区居住建筑节能设计标准》

JGJ 134

条件许可时,太阳房围护结构的传热系数应低于标准规定的指标限值。

遮蔽阳光进入房间的措施可归纳为三种方式:第一种是提高玻璃的遮光、隔热性能;第二种是在窗外侧设置外遮阳设施;第三种是在窗内侧设置内遮阳设施。

2) 窗的可移动保温

为了克服日夜室温波幅较大的缺点,增加透光面的夜间保温是有效措施,可根据具体情况选用活动保温扇、保温帘、保温板等,图 4-26 所示为其使用图例。设计要重点解决的是这些活动保温部件的便捷操纵方法和边缘密封构造。窗的外保温帘板可兼具多种用途,包括隔声、保温和防盗。

图 4-26　窗的可移动保温

4.5.3　太阳房的节能效益分析

在保证室内环境热舒适度的条件下,与普通房屋相比,太阳房在寿命期内资金消费的特点是初期投资大而采暖运行费用低。太阳房的经济性就体现在寿命期内节省的采暖运行费用大于初期增加的投资额。所以,在其他条件相同的情况下,仅就太阳房与普通房相比较,寿命期内节省运行费用越多的方案在经济上就越合理。

如某太阳房初期投资较对比房每平方米增加20元,年节约热501600kJ/m^2,当地燃料价格折合成标准煤每吨94元,年利率为0.024(国家优惠贷款),则只用五年左右时间就可将太阳房初投资回收回来。因此,对缺煤少柴、燃料价格昂贵的地区,利用被动太阳能采暖更显示其优越性。

5 生物质能应用

5.1 生物质能应用

5.1.1 生物质能概述

生物质能是由从各种生物质中获取的可再生能源,其再生性是由太阳能提供的。太阳能通过生物质在光合作用中的转化来储存能源,形成生物质能。

我国现阶段获取生物质能的生物质以秸秆、薪柴、禽畜粪便为主,可以使用当地提供的原料如蔗渣、落叶、玉米芯等多种生物质。

生物质能的应用,主要包括生物质发电技术、生物质供气技术和生物质供热技术等。

生物质能具有以下特点:

(1) 生物质能是一种低二氧化碳排放的清洁能源。从循环的角度讲,生物质能不排放二氧化碳,因为生物质能排放的二氧化碳是生物质形成过程中吸收的。

(2) 生物质原料的种类繁多。太阳能通过生物质产生光合作用,而生物种类不计其数,可利用的生物质也极其繁多。我国生物质资源相当丰富,理论上生物质能可满足我国生产生活的各种能源需求。

(3) 生物质能应用技术对生物质能效影响极大。一般生物质单位质量的热值就比较低,而传统的直接燃烧技术所产生的能量转化极大部分被浪费。

(4) 生物质能可以通过对生物质的处理技术改善能效。生物质本身的特性决定其技术开发具有更大的空间,同时生物质可以提供更多类型的能源产品形式。

(5) 生物质能因其化学成分主要是碳水化合物,所以生产过程对环境没有什么影响。

(6) 生物质能水分大,热值低,易变质。

5.1.2 生物质能生产

生物质能技术可分为燃烧技术、热化转换技术、生化转换技术、生物质制油技术和生物质发电技术。

燃烧技术中最重要的是生物质燃料压缩成型技术,压缩工艺主要有湿压成型、热压成型和炭化成型三种形式。压缩技术主要有螺旋挤压技术、活塞冲压技术和压辊式挤压技术等。

热化转换技术可分为高温干馏技术、热解技术、生物质液化技术等。

生化转换技术包括沼气技术、乙醇提取技术、厌氧消化技术等。

生物质能生产技术分类见图 5-1。

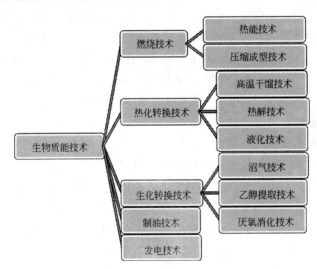

图 5-1　生物质能技术分类

生物质能技术产生的能量形式有:

热能、电能、燃气、生物质油、乙醇、甲醇、成型燃料等。

生物质能利用技术形式多样,所产生的能源形式亦大不相同。在实际应用中,根据生物质和能源需求的不同,可以进行不同选择。

5.2 生物质压缩成型技术

节能-14 生物质压缩成型技术

5.2.1 生物质压缩成型

为解决农村地区焚烧农作物秸秆造成的环境污染、资源浪费严重等问题,国务院办公厅于 2008 年 7 月下发了《关于加快推进农作物秸秆综合利用的意见(国办发[2008]105 号)》。在《意见》中提出了"以科学发展观为指导,认真落实资源节约和环境保护基本国策,把推进秸秆综合利用与农业增效和农民增收结合起来,以技术创新为动力,以制度创新为保障,加大政策扶持力度,发挥市场机制作用,加快推进秸秆综合利用,促进资源节约型、环境友好型社会建设","力争到 2015 年,基本建立秸秆收集体系,基本形成布局合理、多元利用的秸秆综合利用产业化格局,秸秆综合利用率超过 80%"。这给生物质成型燃料的加速发展带来了推动力。使用生物质成型燃料对禁止秸秆焚烧、改善农村的村容村貌和环境卫生等方面都有着重要作用。

一般生物质形状散乱,结构松散,燃烧热值低。为了改善生物质储运能力、燃烧效果和环保水平,对生物质进行压缩成型,以商品能源形式提供给广大农村地区,成为以较为简单的工艺而大幅度提高生物质能利用率的一种实用技术。

压缩成型技术是一种比较成熟的工艺,应用于多个领域,如建筑材料、饲料、医药制品和化工产品等的生产过程。根据压力不同,可分为低压压缩(压力小于 5MPa)、中压压缩(压力在 5~100MPa)、高压压缩(压力大于 100MPa)。低压压缩一般添加粘结剂。

在生物质压缩成型过程中,采用的压缩工艺主要有以下三种形式:

(1) 湿压成型。多用于含水量较高的生物质,也可以通过加水使生物质含水量增加后进行湿压成型,湿压成型过程中可添加粘结剂。

(2) 热压成型。通过对生物质的粉碎、加热和压缩，使生物质以一定形状固定成型的压缩工艺。这是一种被广泛采用的工艺，采用这一工艺的压缩机也已经在市场上有不少种类。

(3) 炭化成型。通过对生物质的炭化或部分炭化，改变生物质性状，使生物质易于压缩成型。采用炭化成型工艺一般需要添加粘结剂。

在生物质压缩成型过程中，采用的压缩技术主要有以下三种形式：

(1) 螺旋挤压技术。通过螺旋转动，在高温条件下连续对生物质进行挤压，以一定长度切割或人工折断处理。

(2) 活塞冲压技术。通过活塞规律性的冲压，将生物质直接压缩成型。活塞运动动力常用的有三种：机械动力、油压动力和水压动力。

(3) 压辊式挤压技术。通过压辊和压模的相对挤压，使生物质原料压缩成型。压辊式挤压技术对原料要求相对较高，需要对生物质进行预处理。

生物质压缩成型燃料的形状如图 5-2 所示。

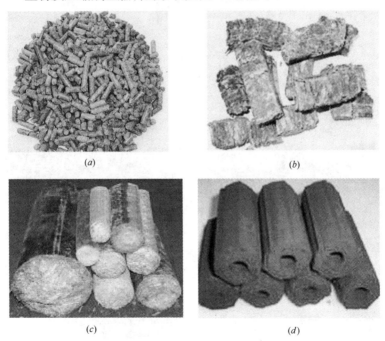

图 5-2　生物质压缩成型燃料的形状
(a)颗粒状；(b)块状；(c)棒状；(d)中空棒状

5.2.2 生物质压缩机械的性能

生物质压缩成型机械已经有大量供应,可以满足不同规模的需要。

用生物质压缩成型机械生产压缩燃料需要考虑四个方面的成本:

(1) 生物质压缩成型能耗成本。可以用每吨燃料用电量乘当地电价计算。

(2) 生产工人人工成本。

(3) 生产设备的损耗成本。生物质压缩对生产设备的损耗较大,设备机械性能会较大影响损耗成本,一般可以以每吨5~10元计算。

(4) 生物质原料的成本。生物质原料应该考虑地域和供应能力,远程运输会很容易加大生物质燃料的生产成本。

一般来说,生物质成型机有螺杆挤压式、活塞冲压式、压辊式(平模、环模)三种类型。目前应用得最多的以平模式和环模式机型为主(图 5-3 和图 5-4)。

图 5-3　平模成型机及其压制的生物质颗粒

图 5-4　环模成型机及其压制的生物质块状颗粒

对生物质成型燃料加工设备的一般要求是：一次成型率高，高达95%；对生物质物料种类的适应性比较强；故障率低，即便有了故障，拆装和维修方便；使用时间长，目标应该是至少300h才能更换主要磨损部件；低能耗，压制1t生物质成型燃料能耗不大于50kW·h；价格要适中，不能高价牟暴利。

影响挤压成型的主要因素有：含水率、成型温度、原料种类、原料粒度、成型压力、成型模具的尺寸和形状等。

(1) 原料含水率

原料的含水率对棒状燃料的成型过程及产品质量影响很大。当原料水分过高时，加热过程中产生的蒸汽不能顺利地从燃料中心孔排出，造成表面开裂，严重时产生爆鸣。但含水率太低，成型也很困难，这是因为微量水分对木质素的软化、塑化有促进作用。试验表明：不同种类的物料，从木屑到秸秆，虽木质素含量有较大差异，但成型所需适宜含水率基本一致（表5-1），适宜含水率范围为6%~10%。

原料含水率对成型的影响　　　　　　表 5-1

含水率(%)	原料种类	
	木屑	秸秆
4	不成型	不成型
6	成型	成型
8	成型	成型
10	成型	成型
12	成型	不成型
14	不成型	不成型

(2) 成型温度

成型温度对成型、质量、产量都有一定的影响。如果温度过低（<200℃），传入套筒内的热量很少，不足以使原料中木质素塑化，加大原料与套筒之间的摩擦，造成出料筒堵塞，无法成型。但是，如果温度过高（>280℃），原料分解严重，输送过快，不能形成有效的压力，也无法成型。总之，不同物料所需成型温度相差不大（表5-2），一般控制在220~260℃之间。

温度对不同物料成型的影响　　　　　　　表 5-2

温度(℃)	原料种类	
	木　屑	秸　秆
180	不 成 型	不 成 型
200	不 成 型	不 成 型
220	成型较慢	成型较块
240	成型较快	成 型 快
260	成 型 快	成 型 快
280	成 型 快	表面碳化严重

注：成型快慢系同一物料的相对比较结果

(3) 原料种类

显然，不同种类的原料，其压缩成型的质量、密度、强度、热值、产量和动力消耗均不相同。对于粉碎的木料，低温时，木料变形较小，压缩困难；高温度时(如高于 200℃)，由于木本植物含木质素较多，它的软化、液化能起粘结作用，成型后比秸秆成型棒结合得还要牢固一些。

(4) 原料粒度

一般来说，粒度小的原料容易压缩，粒度大的原料较难压缩。在相同的压力下，原料的粒径越小，越易变形。通常要求原料粒径小于 5mm。对于螺旋挤压成型，原料粒度不均匀，特别是形态差异较大时，成型棒表面易产生裂纹，密度、强度降低。但对于冲压成型，希望原料有较大的尺寸或较长的纤维，粒度太小反而容易脱落。

(5) 成型燃料的密度

当成型燃料为最终产品时，密度不是很主要的问题，但密度直接影响到电耗和成本。而当以木炭为最终产品时，成型燃料的密度就成为十分重要的指标了。密度是由所用原料、设备等多因素决定的。纤维素、木素含量低的物料，如秸秆、稻壳等，不易得到密度大的成型燃料，炭化后所得木炭机械强度很差，灰分大且热值低，使用上就受到很大限制。只有木屑、刨花等成型后炭化才是有价值的，因此成型燃料的密度是产品质量的关键。

表 5-3 为部分生物质压缩成型机的技术参数。

部分生物质压缩成型机技术参数　　　　　表 5-3

型号	JGY-10 型	JGY-15 型	JGY-20 型	JGY-30 型
电机功率(kW)	11～15	15～18.5	18.5～22	30～37
产量(kg/h)	500～900	900～1500	1500～2000	2500～3000
成型尺寸和形状	ϕ32 圆形	ϕ32 圆形	ϕ33 圆形	ϕ33 圆形
固体成型密度(g/cm³)	0.8～1.4	0.8～1.4	0.8～1.4	0.8～1.4
物料含水量(%)	10～25	10～30	10～30	10～30
适用物料长度(mm)	3～50	3～60	3～60	3～60
整机外形尺寸(mm)	1700×800×1400	1800×900×1660	1800×900×1680	2000×1000×1700
整机重量(吨/台)	0.8	1.38	1.54	1.94
型号参数	JBM-1000 型	JBM-1500 型	JBM-2000 型	
电机功率(kW)	15	18.5	22	
产量(kg/h)	700～900	1000～1500	1800～2000	
成型尺寸和形状	32×32 条状	ϕ32 圆形	ϕ33 圆形	
固体成型密度(g/cm³)	0.8～1.4	0.8～1.4	0.8～1.4	
物料含水量(%)	10～25	10～30	10～30	
适用物料长度(mm)	3～50	3～60	3～60	
整机外形尺寸(mm)	1700×800×1400	1800×900×1660	1800×900×1680	
整机重量(吨/台)	0.8	1.3	1.5	

5.3　生物质气化应用技术

节能-15　生物质气化技术

5.3.1　生物质气化技术

生物质气化是生物质经过热化学转换而产生生物质燃气，供民用炊事或供热甚至发电的技术。因为生物质气化原料大量使用秸秆，因此也经常被直接叫做秸秆气化。

生物质气化过程理论上可分为四个区，即氧化区、还原区、干馏区和干燥区。实际过程中四个区很难清晰区分，其中氧化区和还原区也叫做气化层或有效层，干馏区和干燥区也叫做燃料准备层。

生物质的气化过程实际上通过生物质气化炉进行。生物质气化炉可分为固定床气化炉和流化床气化炉。固定床气化炉炉内气化反应速度较慢,流化床气化炉炉内气化反应较快。分体式生物质气化炉示意图见图5-5,生物质气化炉的种类见表5-4。

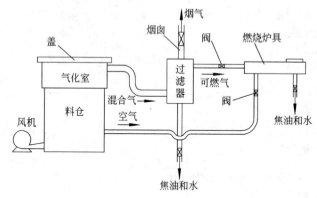

图5-5 分体式生物质气化炉示意图

生物质气化炉的种类 表5-4

类型	分类	特点
固定床气化炉	下流式固定床气化炉(下吸式固定床气化炉)	炉型小,原料用量少,减少成本 焦油含量较少,灰分较多 温度较高,需要冷却和去除杂质
	上流式固定床气化炉(上吸式固定床气化炉)	燃气灰分含量小,焦油含量较高 出炉燃气温度低,热效率高 生产过程中投料不方便
	横流式固定床气化炉(横吸式固定床气化炉)	炉内气化反应温度高,气化效果好 燃气焦油含量低 出炉燃气温度较高,损失部分热量
	开心式固定床气化炉	焦油含量较少,灰分较多 温度较高,需要冷却和去除杂质
流化床气化炉	单流化床气化炉	物料、气化剂混合充分气化强度大,产气率高,燃气热值高设备复杂成本高
	双流化床气化炉	
	循环流化床气化炉	
	携带流化床气化炉	
旋转床气化炉	—	国内不常见

部分生物质气化炉技术参数见表5-5、表5-6、表5-7。

部分生物质气化炉的技术参数　　　　　表5-5

型号	给料电机功率(kW)	风机功率(kW)	设备尺寸(m)	单台重(t)	燃烧消耗量(kg/h)	热负荷(MW)
TDJG-0.5	1.1	3.0	2.0×1.2×1.6	0.8	120	0.5
TDJG-1.0	1.1	3.0	2.2×1.4×1.6	1.1	260	1.0
TDJG-1.5	1.1	4.0	2.4×1.5×1.7	1.5	350	1.5
TDJG-2.0	2.2	5.5	2.5×1.6×1.8	2.0	520	2.0
TDJG-3.0	2.2	7.0	3.0×2.0×1.8	3.2	800	3.0
TDJG-5.0	3.0	11.0	3.5×2.2×2.2	4.5	1200	5.0

某秸秆气化炉技术参数　　　　　表5-6

炉　体	圆筒式	风机	30~60W
气化效率	57.6%~76.2%	炉堂装料量	5~18kg
燃烧耗料	1.84kg/h	产气速度	1~3min
单位时间产气量	2.74m³/h		
单位物料产气量	1.48~2.2m³/kg		
物料低位热值	18040kJ/kg		
燃料低位热值	7013kJ/kg		

某节能秸秆气化炉环保参数　　　　　表5-7

项　目	检测值	国家标准值
烟尘排放浓度	28~39mg/Nm³	120mg/Nm³
烟尘平均排放速度	0.009kg/N	0.096kg/N
二氧化硫排放浓度	10~14mg/Nm³	550mg/Nm³
二氧化硫平均排放速度	0.003kg/N	0.739kg/N
氮氧化物排放浓度	30~38mg/Nm³	240mg/Nm³
氮氧化物平均排放速度	0.008kg/N	0.219kg/N
林格曼浓度	0.5级	1级

一般生物质燃气含有较多的水分、灰分和焦油，所以生物质燃气生产过程一般还要包含生物燃气的净化工序。

5.3.2　生物质燃气的应用

1. 户用生物质燃气应用

户用生物质燃气的使用存在一些缺点：

（1）户用生物质气化炉直接与灶具相连，一般没有经过净化处理工序，生物质燃气中的焦油容易形成沉积，影响卫生条件，甚至使炉具、灶具和管线的堵塞。

（2）户用生物质气化炉产气量小，不易控制燃气质量，存在一定的安全隐患。长期使用时空气中的燃气泄漏也会影响用户的身体健康。

（3）户用生物质气化炉使用和操作不可能完全规范，容易对空气和环境质量产生一定的影响。

户用生物质燃气使用应注意安全，户用燃气除应遵循家庭天然气使用要求外，还要注意以下几点：

（1）燃气灶应安装在通风良好、具有足够空间和高度的厨房。

（2）使用秸秆燃气灶时不得离人，要做到人离、火灭、阀关。

（3）燃气设备附近不得堆放易燃物品。

（4）有燃气设备的房间，不得作卧室，以防燃气中毒。

（5）禁止私自改动迁移燃气设备，严禁擅自接装胶管或增加设备。

（6）严禁用明火检漏，可用肥皂水检漏。

（7）室内燃气管道断裂或漏气，应立即关闭阀门，打开门窗。

（8）室外燃气管道断裂或漏气，可用湿布把漏气的地方包好，或用湿泥土、湿麻袋等堵住漏气的地方，并立即通知气化站抢修。

2. 生物质燃气炉组集中供气

生物质燃气炉组集中供气应符合《秸秆气化供气系统技术条件及验收规范》(NY/T 443—2001)的要求，相关指标见表5-8。

生活质气化集中供气社会经济环境效益较为显著。

（1）生物质气化集中供气系统的采用，可以对农村供能和用能方式产生根本性的改革。传统的生活方式大量使用生物质直接燃烧，能效很低，环境影响较大。生物质气化集中供气系统的采用，可以成倍提高热效率，大量减少有害气体的排放，改善环境水平。同时可以提高用能效率，减少直接燃烧的人力消耗，缩小城乡生活水平的差异。

（2）生物质气化站的建设投资不算很大，一座200户规模的生活用气化站建设平均每户投入 2000 元左右，总投入约 40 万～50 万元。运行费用不大，可略有盈余。

表 5-8 生物质气化站生产燃气的有关指标

指标	技术指标
燃气产量	≥设计指标
焦油和灰尘含量	<50mg/m³（标准状态下）
输向储气罐的燃气温度	≤35℃
燃气低温热值	≥4600kJ/m³（标准状态下）
燃气含氧量	<1%
气化机组正常情况下噪声	<80dB
燃气中氧化硫含量	<20%
气化效率	≥70%
燃气中硫化氢含量	<20mg/m³
气化车间风中一氧化碳含量	<3mg/m³
避雷器接地电阻	<10

5.4 户用高效低排放生物质炉具

高效低排放户用生物质炉具在 21 世纪初出现在我国农村市场，2005 年以后得到迅猛发展，并引起国内外的高度关注。高效低排放户用生物质炉具的半气化燃烧技术是我国独创的，拥有自主的知识产权，并被国际公认处于发展中国家先进水平。这种炉具采用半气化燃烧方式，解决了千百年来燃用生物质燃料高污染、冒黑烟、室内空气质量差的难题，得到了国际上一致好评和认可。

5.4.1 户用高效低排放炉具

生物质在燃烧过程中需提供充足的氧气，生物质完全燃烧后的产物是二氧化碳和水等不可再燃烧的烟气，并放出大量的反应热，即燃烧主要是将原料的化学能转变为热能，这就是直接燃烧。但这仅是理想状况，实际上生物质直接燃烧时（包括煤的燃烧）属气固两相化学反应。特别在自然通风时空气中的氧（气相）几乎不可能与生物质燃料(固相)充分混合与接触。很容易出现燃烧不完全而冒黑烟现象，所以双相燃烧从来都是燃烧学的难题与研究方向。而将固体燃料转变为气体后再燃烧，这时可燃气体(气相)与空气(气相)燃烧由两相燃烧转化为单相燃烧，现有技术足以保证气体燃料与空气的充分混合而实现洁净燃烧。其次，直接燃烧时生物质挥发分高达70%，在炉内燃料全面受热大量挥发分瞬时溢出，风量很难及时补充，挥发分在高温缺氧条件下以甲烷为代表的化合物要分解出炭黑，一旦析出炭黑就再难以燃尽了，这是生物质(包括煤)直接燃烧冒黑烟的原因。

而生物质气化是在一定的热力学条件下，只提供有限氧的情况下使生物质发生不完全燃烧，生成一氧化碳、氢气和低分子烃类气体等可燃气体。即气化是将化学能的载体由固态转换为气态，气化反应中放出的热量则小得多，气化取得的可燃气体再燃烧则可进一步释放出其具有的化学能。对于高效低排放生物质炉具由于在炉内有直燃成分(明火)，同时又有气化燃烧，故称为半气化燃烧方式，与工业锅炉半气化燃烧(燃煤时称半煤气燃烧)原理相同。

半气化燃烧炉具的另一个显著优点是克服了生物质气化产生的焦油污染和安全问题。半气化燃烧炉具的气化、燃烧都是在高温条件下一体进行的，始终存在明火，所产生的焦油、一氧化碳在高温下生成即被燃烧，没有生物质气体的降温、净化、分离、储存、输送等环节。鉴于设备故障、焦油污染和燃气安全问题难以彻底解决，所以现在越来越多的地区不支持分体式气化方式。

1. 上吸式半气化燃烧炉具

上吸式半气化燃烧炉具可烧秸秆散料和秸秆压块。它的燃烧机理与上吸式气化炉相似。该炉基本结构分为上、下两部分(图5-6)，上部

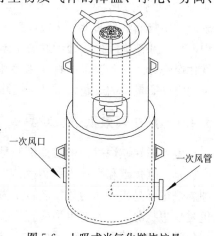

图 5-6　上吸式半气化燃烧炉具

分由燃烧器和炉罩组成,下部分是燃烧室(气化室)。点火前将气化室装满燃料并压实后,抽出装料时预埋在气化室中垂直放置的木棒或塑料管,目的是在气化室燃料中心预留一个垂直的一次风道,并与底部水平布置的一次风管相连,然后在气化室顶部中心圆孔插入燃烧器,扣上炉罩,准备工作完毕。生炉时用纸等从一次风管伸入到气化室中心点燃。气化室(料筒)的壁面为双层,在内层壁面布满进气的小孔,用于补充气化用空气。可见,该炉的气化用空气分为两路,一路通过风量可调的一次风管,经过装料时在气化室中心预留的一次风道;另一路通过气化室侧壁面的可调风口进入夹层,经内壁面的进气孔进入炉内。可燃气体向上流入燃烧器。这种炉具的气化机理和气化各层的分布(氧化、还原、热解、干燥、炭渣等)更为复杂,严格而言,兼有上吸式和平吸式气化的特点。可燃气体经燃烧器的引射喷出着火,呈蓝色和明黄色洁净火焰。如果没有燃烧器,可燃气体同样可以点燃,但接近于扩散火焰,软弱无力且冒黑烟。燃烧器通过引射空气,加强了空气与燃气的混合,起着助燃作用,提高了火焰的刚性。

这种炉具的特点是一次装料一次烧完,中间不能持续加料,燃用秸秆时燃烧时间约50~60min,可满足普通农户四菜一汤、一壶开水的需要。从点火到可燃气体燃烧只有数秒钟,直至燃尽基本是气化燃烧。可燃气体燃尽后气化室内余下的是生物质炭,可用于制活性炭、优质绿肥、饲料添加剂、黑火药等多种用途,附加值很高。活性炭广泛用于制糖、制药、化工等行业及污水处理等。随着环境保护的强化,净化废水、废气所需活性炭的用量会越来越大。实践证明,用秸秆生产活性炭是可行的,而且生产的活性炭价格低廉,所以厂家实行秸秆炭回收制度。对于用户,通过卖积攒的秸秆炭,不到一年可收回购炉成本。此炉经测试(两次试验的平均值):燃烧时间66min;炉具出2.8kW;燃料消耗量(秸秆散料)3.5kg/h;热效率41.3%;烟尘排放浓度41.5mg/m^3;室内CO平均浓度8.05mg/m^3;林格曼烟气黑度小于1级。燃用秸秆散料的热工指标和环保指标好于秸秆压块,说明此炉型适宜生物质散料。顺便指出,可燃气体燃尽后,若该炉强制通风继续燃烧,则因炉温过高壁面发红而烧穿炉具。由于装料麻烦,又不能连续加料,所以使用得比较少了。

2. 上燃式半气化燃烧炉具

上燃式半气化燃烧炉具(图 5-7)在普通直燃炉具的基础上作了较大改进。炉子增加了二次进风,在炉具上部出口处布置了二次风喷口。一次风从底部炉箅进入,二次风供可燃气体充分燃烧。虽然二次风喷口喷出的是空气,但视觉上看到的却是喷出气体火焰。该炉型既可以烧散料也可以烧生物质成型燃料,结构简单,气化效果良好,并可连续加料。该炉型最大特点是上点火,即炉子加好燃料后必须要在燃料表面点火,开始是明火燃烧,然后才逐步转入气化燃烧。从开始点火到燃尽都不冒黑烟,而且可以把焦油、生物质炭渣等完全燃烧殆尽,余下的灰量很少,提高了设备的热效率,减少了有害气体的排放,切短至 6cm 长的农作物秸秆和薪材以及生物质成型燃料均可使用。这种炉子放在厨房,可有效地改善室内空气质量,排到室外的烟气中所含烟尘和各种有害物质也大量减少。

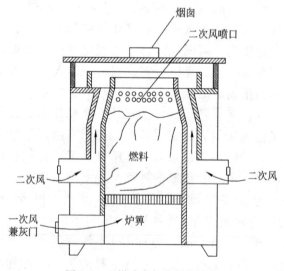

图 5-7 上燃式半气化燃烧炉具

上燃式半气化燃烧炉具分自然通风和强制通风两种，显然强制通风(3W 小鼓风机)有效地改变了气流结构，使一、二次风调节更加便利、有效，耗电很低，但热效率和环保排放指标却得到显著改善。

上燃式半气化燃烧炉具由于是上点火，而一次风从底部上升进行气化，燃料表面燃烧后仅靠燃料的导热来进行干燥、热解、氧化等过程，而导热的过程较慢，有效地控制了气化和挥发分溢出的速度，二次风相对充足并可及时补充，这与手烧锅炉及省柴灶提倡燃料少添、勤添的效果是同样的。同时上层燃料首先燃烧气化后，余下生物质炭继续燃烧，形成生物质炭后生物质燃料体积缩小，灰分也少，减少了通风阻力，有利于燃料的燃尽。这种炉具的测试结果见表 5-9。

上燃式半气化燃烧炉具燃用秸秆压块检测结果

（两次试验平均值） 表 5-9

项目	炉具功率(kW)	燃料消耗(kg/h)	热效率(%)	烟尘排放(mg/m³)	室内 CO(mg/m³)	烟气黑度(级)
自然通风	3.2(0.651)	2.52	33.9	27.0	11.2	<1
强制通风	4.13	2.31	41.0	27.5	5.5	<1

注：括号内为与热水套吸收热量。

表 5-9 是燃用秸秆压块的数据，对于秸秆散料，热工和环保的各项指标略差，因此，这类炉具更适宜燃用生物质成型燃料。由表 5-9 可见，实行强制通风确实有效地改善了炉具的性能，这与锅炉理论的结论一致。但也要指出，自然通风和强制通风是两种不同类型的炉子，其受热面布置、钢材消耗量、运行可靠性、维护保养都有所不同，不能简单比较。特别是在农村地区应用时，应因地制宜，满足广大农民的不同需要。

尽管半气化燃烧炉具热效率高，污染小，燃料来源广泛，并可变废为宝，但要求所用的物料必须经过自然风干，否则气化时大量水蒸气使可燃气体难以点燃，这与传统燃烧时"湿柴难烧"一个道理。目前还有半气化燃烧采用颗粒燃料，可用于壁炉采暖、炊事炉做饭，同样可以达到节能减排的效果。这种炉具采用下饲式炉排和鼓风机，需要电机驱动，加之燃料价格比较昂贵，目前只适合富裕家庭使用。图5-8是几种典型的生物质半气化燃炉具。

图5-8 几种典型的生物质半气化燃烧炉具

5.4.2 高效低排放生物质采暖炉具

北方广大农村冬季需要采暖，随着生活水平的提高，使用采暖炉的越来越多，燃料是生物质成型燃料替代煤炭，富裕的农户使用自动化程度较高的生物质颗粒燃料热水炉，一般的农户使用生物质块状燃料热水炉，这种炉具也是属于半气化燃烧炉具，一般是燃料从燃烧室(料仓)上部加入，在下部燃烧，烟气进入燃尽室，经过两个或三个回程后再从烟囱排出。

水暖炉要通过管道与散热器(俗称暖气片)连接才能成为采暖循环系统，整个采暖循环系统的安装是有要求的。首先要保证安全，同时采暖质量还应得到保障。并且，水暖炉必须符合现行国家标准《民用水暖煤炉通用技术条件》(GB 16154)的规定。

5.5 生物质成型燃料—成型机—生物质采暖炉产业链

目前,农村的电力变压器容量较小,从我国的国情出发,宜大力发展小型成型机,通过小型成型机的加工,不仅可以有效解决秸秆收集和储藏问题,而且还可以实现生物质的循环利用(图5-9)与农村生活用能的零排放。一台能耗22kW、生产率0.5t/h的成型机4个月加工成型燃料500吨,配150台高效低排放生物质成型燃料采暖炉,采取"公司+经销商+农户"的市场运作模式和"政府+公司+农户"的政府补贴和农户自筹相结合的模式运作,形成一个产业链,用生物质成型燃料替代煤炭已成为现实,CO_2减排,应成为新农村建设生活用能的模式之一。

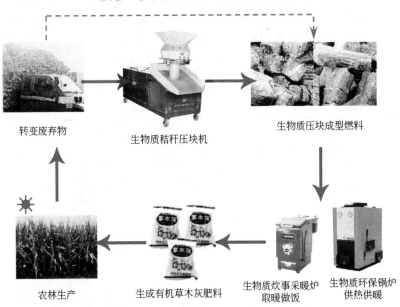

图5-9 生物质循环示意图

6 其他能源利用

6.1 风能及其利用

在自然界中,风是一种可再生、无污染而且储量大的能源。随着全球气候变暖和能源危机,各国都在加紧对风力的开发和利用,尽量减少二氧化碳等温室气体的排放,保护我们赖以生存的地球。

6.1.1 风能使用的条件

1. 风能的形成

空气流动所形成的动能即为风能,风能是太阳能的一种转化形式,风能利用主要是将大气运动时所具有的动能转化为其他形式的能。

风力的大小通常用风力等级来描述(平地上离地10m处的风速值,见表6-1)。

风力等级示意表　　　　　　　　　　表6-1

风级和符号	名称	风速(m/s)	陆地物象	海面波浪	浪高(m)
0	无风	<0.3	烟柱直上	平静	0.0
1	软风	0.3~1.5	烟示风向	微波峰无飞沫	0.1
2	轻风	1.6~3.3	感觉有风	小波峰未破碎	0.2
3	微风	3.4~5.4	旌旗展开	小波峰顶破裂	0.6
4	和风	5.5~7.9	吹起尘土	小浪白沫波峰	1.0
5	劲风	8.0~10.7	小树摇摆	中浪折沫峰群	2.0
6	强风	10.8~13.8	电线有声	大浪形成飞沫	3.0
7	疾风	13.9~17.1	步行困难	破峰白沫成条	4.0
8	大风	17.2~20.7	折毁树枝	浪长高有浪花	5.5
9	烈风	20.8~24.4	小损房屋	浪峰倒卷	7.0
10	狂风	24.5~28.4	拔起树木	海浪翻滚咆哮	9.0
11	暴风	28.5~32.6	损毁普遍	波峰全呈飞沫	11.5
12	飓风	32.7	摧毁巨大	海浪滔天	14.0

2. 风能的利用形式

人类对风能的利用已有很悠久的历史,最早的利用形式为风力助航,即帆船。

得益于帆船的构想,更为有效收集风能的装置出现了,它就是风车(见图6-1)。风车也叫风力机,是利用风力的动力机械装置,可以带动其他机器,用来发电、提水、磨面、榨油等,是一种不需燃料、以风作为能源的动力机械。

图6-1 风车实景图

目前,风力机仍然是风能利用中最为普遍的动力机械装置,由风力机带动的风力提水、风力致热采暖、风力发电等形式已经得到了长足的发展,其中风力发电为最主要的形式。

风力发电是将风的动能转变成机械能,再把机械能转化为电能。风力发电所需要的装置,称作风力发电机组。这种风力发电机组,大体上可分风轮(包括尾舵)、发电机和铁塔三部分(见图6-2)。

铁塔是支承风轮、尾舵和发电机的构架。它一般修建得比较高,为的

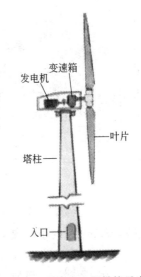

图6-2 风力发电机结构示意

是获得较大的和较均匀的风力,又要有足够的强度。铁塔高度视地面障碍物对风速影响的情况,以及风轮的直径大小而定,一般在6~20m范围内。

发电机的作用,是把由风轮得到的恒定转速,传递给发电机构均匀运转,因而把机械能转变为电能。

3. 风能的利用条件

一般说来,3级风就有利用的价值。但从经济合理的角度出发,风速大于4m/s才适宜于发电。据测定,一台55kW的风力发电机组,当风速为9.5m/s时,机组的输出功率为55kW;当风速为8m/s时,功率为38kW;风速为6m/s时,只有16kW;而风速为5m/s时,仅为9.5kW。可见风力愈大,经济效益也愈大。

为了了解各地风能资源的差异,以便合理地开发利用,我国对风能资源进行以下区划(见图6-3):

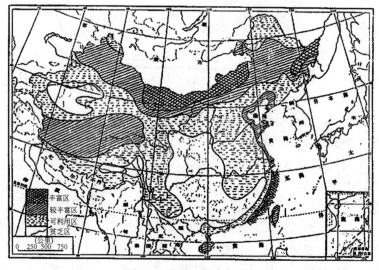

图6-3 我国风能分布示意

(1)风能资源丰富区的有效风能功率密度在200MW/m² 以上、风速≥3.5m/s的小时数全年有6000h以上。

(2)风能资源较丰富区的有效风能功率密度为150MW/m² 以上、全年≥3.5m/s风速4000h以上。

(3) 风能资源可利用区的有效风能功率密度为 50MW/m² 以上、全年≥3.5m/s 风速 2000h 以上。

(4) 风能资源贫乏区的有效风能功率密度为 50MW/m² 以下、全年≥3.5m/s 风速 2000h 以下。

6.1.2 家用风力发电系统的使用

节能-16 户用风光互补用水、提水工程技术

户用风光互补用水、提水工程

(1) 主要功能

本系统充分利用风能与太阳能的互补性，利用风力发电驱动水泵提水，并利用太阳能热水器吸收太阳能对冷水进行加热以提供热水，在太阳能不足时用风力发电给热水器进行辅助加热（见图 6-4）。

图 6-4 户用风光互补系统示意

(2) 适用地区

全年风速大于和等于 3m/s 的小时数为 4000～5000h 的地区；尚未实行自来水工程的地区。

风力发电机常见故障及处理见表 6-2。典型潜水泵性能参数见表 6-3。

风力发电机常见故障及处理　　　　　　　表 6-2

故障现象	可能的原因	解决方法
风轮转动很慢，甚至在高风速下如此	1. 刹车开关打开 2. 轴承损坏 3. 转子磁体松动或脱落 4. 风机电线短接	1. 关掉刹车开关 2. 联系制造商，更换轴承 3. 联系制造商，重新修理发电机 4. 检查风机接线
风轮转速快，但是输出小，有异于平常的噪声，似乎不平衡	1. 叶片脏了 2. 叶片损坏 3. 叶片有可能装反	1. 清洗叶片 2. 更换叶片 3. 重新正确安装叶片
风轮几乎不转，不会迅速旋转	叶片装反了	重新正确安装叶片
在所有或某些风速下，尾翼、发电机和塔架晃动厉害	1. 叶片不平衡 2. 转子不平衡 3. 风轮不平衡	1. 联系制造商，更换叶片 2. 联系制造商，重新调平衡 3. 联系制造商，重新调平衡
发电机发出卡塔声	1. 发电机与塔架间的安装螺钉松了，或尾翼松了 2. 轴承用旧了 3. 轴坏了	1. 检查，然后拧紧螺钉 2. 联系制造商，更换轴承 3. 联系制造商，更换轴

典型潜水泵性能参数　　　　　　　表 6-3

型号	电机功率		流量扬程 [(m^3/h)/h]			出水管径	适用井径
	HP	kW					
100QJ1.5-40/7	0.5	0.37	1.5/40	2/35	3/25	40(1.5″)	100
100QJ1.5-50/9	0.75	0.55	1.5/50	2/43	3/35	40(1.5″)	100
100QJ1.5-70/12	1	0.75	1.5/70	2/63	3/50	40(1.5″)	100
100QJ1.5-98/17	1.5	1.1	1.5/98	2/87	3/70	40(1.5″)	100
100QJ1.5-127/23	2	1.5	1.5/127	2/115	3/92	40(1.5″)	100
100QJ1.5-168/30	3	2.2	1.5/168	2/145	3/115	40(1.5″)	100
100QJ1.5-260/45	5	3.7	1.5/260	2/245	3/200	40(1.5″)	100
100QJ2-45/8	0.75	0.55	2/45	3/40	4/33	40(1.5″)	100
100QJ2-63/11	1	0.75	2/63	3/57	4/48	40(1.5″)	100

续表

型号	电机功率 HP	电机功率 kW	流量扬程 [(m³/h)/h]			出水管径	适用井径
100QJ2-85/15	1.5	1.1	2/85	3/73	4/60	40(1.5″)	100
100QJ2-115/21	2	1.5	2/115	3/100	4/85	40(1.5″)	100
100QJ2-155/28	3	2.2	2/155	3/138	4/112	40(1.5″)	100
100QJ2-235/42	5	3.7	2/235	3/205	4/170	40(1.5″)	100
100QJ3-40/7	0.75	0.55	3/40	4/33	5/25	40(1.5″)	100
100QJ3-55/10	1	0.75	3/55	4/43	5/35	40(1.5″)	100
100QJ3-70/13	1.5	1.1	3/70	4/59	5/48	40(1.5″)	100
100QJ3-100/18	2	1.5	3/100	4/87	5/65	40(1.5″)	100
100QJ3-130/23	3	2.2	3/130	4/112	5/98	40(1.5″)	100
100QJ3-180/33	5	3.7	3/180	4/156	5/130	40(1.5″)	100
100QJ3-240/43	7.5	5.5	3/240	4/206	5/175	40(1.5″)	100
100QJ4-45/8	1	0.75	4/45	5.5/40	7/35	40(1.5″)	100
100QJ4-60/11	1.5	1.1	4/60	5.5/49	7/40	40(1.5″)	100
100QJ4-73/13	2	1.5	4/73	5.5/60	7/50	40(1.5″)	100
100QJ4-110/20	3	2.2	4/110	5.5/85	7/70	40(1.5″)	100
100QJ4-150/28	5	3.7	4/155	5.5/127	7/95	40(1.5″)	100
100QJ4-190/35	7.5	5.5	4/190	5.5/168	7/130	50(2″)	100
100QJ6-40/7	1	0.75	6/40	8/30	10/20	50(2″)	100
100QJ6-50/9	1.5	1.1	6/50	8/40	10/30	50(2″)	100
100QJ6-62/11	2	1.5	6/62	8/53	10/41	50(2″)	100
100QJ6-83/15	3	2.2	6/83	8/72	10/60	50(2″)	100
100QJ6-120/23	5	3.7	6/120	8/102	10/82	50(2″)	100
100QJ6-180/33	7.5	5.5	6/180	8/150	10/120	50(2″)	100
100QJ8-40/7	1.5	1.1	8/40	10/32	12/25	50(2″)	100
100QJ8-50/9	2	1.5	8/50	10/41	12/33	50(2″)	100
100QJ8-78/14	3	2.2	8/78	10/65	12/52	50(2″)	100
100QJ8-99/19	5	3.7	8/99	10/80	12/62	50(2″)	100
100QJ8-138/25	7.5	5.5	8/138	10/110	12/85	50(2″)	100
100QJ8-190/34	10	7.5	8/190	10/150	12/120	50(2″)	100

6.1.3 村庄风力发电系统的并网

节能-17 村庄风力发电系统技术
1. 主要功能及优点

解决风力并网发电以单户或多户形式出现时的能量流动问题,将风能所转换的电能输送至电网,销售余电,实现风能资源以及风力发电设备的价值最大化;或利用电网能量补充风力发电系统,购入不足电量,解决风力发电系统风力资源不足及重负荷时的电能不足。

图 6-5 风电并网示意

其优点在于:

(1) 节约了独立风力发电系统中的蓄电池使用,解决了蓄电池回收的难题,避免了因处理废弃蓄电池产生的二次污染。

(2) 村庄并网风力发电系统中各电站相互独立,用户由于可以自行控制,不会发生大规模停电事故,所以安全可靠性比较高,可以弥补大电网安全稳定性的不足,在意外灾害发生时继续供电,已成为集中供电方式不可缺少的重要补充。

(3) 村庄并网风力发电系统的输配电损耗很低,甚至无需建配电站,可降低或避免附加的输配电成本,土建和安装成本低。

(4) 村庄并网风力发电系统可对区域电力的质量和性能进行实时监控,适合向发展中的中、小城镇的居民供电,可大大减小环保压力。

2. 适用地区

接有低压公用电网并且风力资源满足以下风力资源条件。

风力资源:风速的描述请见表6-1。

3. 技术参数

容量在 500W~10kW。

电网侧:50Hz 交流,与电网电压的幅值、相角相同。

并网保护:并网冲击电流整定值不高于 2 倍额定电流,电流速断保护小于 0.5s,允许过负荷小于 150% 额定电流。

风机保护:具有卸荷回路,卸荷器容量为风力发电机额定容量的 150%,5kW 及以上控制器考虑到散热问题,建议选配单独卸荷器,另外,控制器还应具有断电时的制动保护,以防发生飞车。

4. 安装

风力发电机安装及具体并网工作应由相应资质的专业公司负责完成。

6.1.4 村庄风力发电系统的维护与保养

1. 日常维护工作

在系统安装正常条件下,村庄风力发电系统中各元件需要较少维护,仅需对电气连接部分进行日常维护,并完成日常管理工作。

(1) 维护周期:日常维护可按月进行,如无条件可每季度进行一次。

(2) 维护内容:

1) 清扫灰尘,避免短路。

2) 检查周围环境有无变化,发现渗漏隐患及时处理。

3) 检查有无绝缘老化,如较轻微可用绝缘胶布处理,严重时需停电更换。

4) 检查指示灯是否工作正常,发现损坏及时更换。

5) 检查避雷器动作次数。

6) 统计发电用电情况。

2. 并网控制器日常轻微故障解决

(1) 状态指示灯闪烁:等待指示灯停止闪烁,确定故障类型,如风机输入电压过高,请断开风机回路,如电网侧电压欠压、过压,频率不正常,控制器将自行等待恢复。

(2) 电网侧开关跳闸:检查是否发生短路,如发生短路需停运检修,如无明显故障,试合闸 1 次,再次失败则停运检修。

3. 并网控制器故障停运检修

（1）控制器故障且无指示：

断开电网，检查线路有无断开或短路。

如没有以上现象，则打开控制器前面板，检查内部有无松动、断开、烧黑痕迹，如有则紧固或更换部件或联系厂家处理。

（2）外部短路故障

联系当地维修站或返厂维修。

6.2 农村地源热泵技术

节能-18 农村地源热泵技术

6.2.1 地源热泵技术简介

地源热泵是一种高效、节能、环保的空调设备，分为地上部分和地下部分，地上部分为热泵机组和空调末端系统，地下部分则是地热能交换部分。

地源热泵的工作原理如图 6-6、图 6-7 所示。

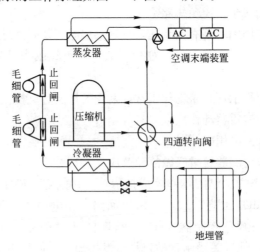

图 6-6 夏季土壤源热泵工作原理

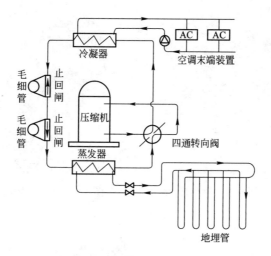

图 6-7 冬季土壤源热泵工作原理

通常土壤源热泵每消耗 1kW 的能量，用户可以得到 4kW 以上的热量或冷量。

6.2.2 地源热泵的类型

1. 地源热泵系统的冷热源

（1）地表水源热泵

地表水源热泵系统的冷热源主要是池塘、湖泊或河溪中的地表水。地表水体所能承担的冷热负荷与其面积、深度和温度等多种因素有关，需要根据具体情况进行计算。此外，这种热泵系统的换热对水体中生态环境的影响也需要预先加以考虑。地表水源热泵系统的地表水换热器可以是开环系统也可以是闭环系统，如图 6-8、图 6-9 所示。典型的闭环系统是盘管型换热器。闭环系统通过埋设在池塘或湖底的高密度聚乙烯（HDPE）管实现管内的流体（一般是水或加了防冻液的水溶液）与池塘水或湖水等的换热。

（2）地下水源热泵

在土壤源热泵得到发展以前，欧美国家最常用的地源热泵系统是地下水源热泵系统。一般的系统形式是采用水—水板式换热器，如图 6-10 所示。

图 6-8 开环地表水源热泵系统　　　图 6-9 闭环地表水源热泵系统

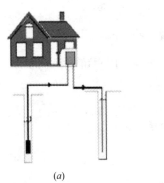
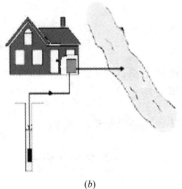

图 6-10 地下水源热泵系统
(a)双井系统；(b)单井系统

(3) 土壤耦合热泵系统

土壤耦合热泵系统也称作土壤源热泵系统，其原理是通过地下埋管的方式将换热管路深置于地下，循环液(水或以水为主要成分的防冻液)在地下封闭管路中流动，从而实现系统与大地的换热。由于换热管路是封闭的，整个系统与土壤只有热量交换而没有物质交换，不会对环境造成影响，是目前较为流行的一种可持续发展的建筑节能新技术。但该系统机组能效比相对地下水源热泵机组低。

根据实际测量的数据显示，土壤温度变化梯度大约是 30℃/km，在地面太阳照射、空气传热和地球内部温度场的综合作用下，地面约 15m 以下土壤温度可以视为常数。距地表 15m 以下的土壤温度接近于年平均大气温度。因此使得地源热泵系统常年稳定工作，不受外界环境温度变化的影响。在制热工况下，其能效比可以达到甚至超过 4.0，在制冷工况下，能效比达到甚至超过 5.0。地源热泵目前存在的主要问题是一次性投资比较高，主要是地下钻探和埋管的费用较高。

目前国内外普遍采用的土壤耦合热泵地下环路（即地热换热器）埋管方式有水平埋管和垂直埋管两种基本的配置形式。水平埋管是将换热器水平埋设于浅层土壤中，通常的埋管深度为 0.5～2.5m 之间。水平埋管由于埋设较浅，施工容易，初投资较低，但其占地面积较大，同时由于埋管不深，土壤温度和热力特性会受到地表气候变化的影响，而且水泵耗能较高，系统效率降低。垂直埋管是将换热器垂直埋设土壤中，其又分为 U 形管和套管两种形式。通常情况下 U 形管形式应用得比较多。按其埋管深度分为浅层（<30m）、中层（30～100m）和深层（>100m）三种。埋管越深，地下温度越稳定，钻孔占地面积越少，但相应带来钻孔费用的增加。相比于水平埋管，垂直埋管占地面积少，需要的管材少，水泵耗能低，土壤的温度和热特性变化小，但其造价偏高。

水平埋管系统如图 6-11 和图 6-12 所示。

图 6-11　水平盘管埋设示意

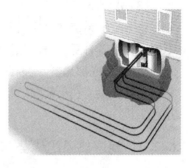

图 6-12　水平直管埋设示意

垂直埋管系统如图 6-13 和图 6-14 所示。

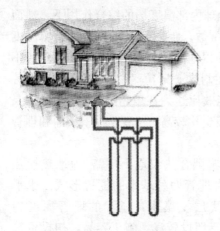 

图 6-13　管道并联连接示意　　图 6-14　管道串联连接示意

2. 地源热泵的末端系统

（1）水—水系统

水—水系统热泵主机的制冷工况与普通冷水机组的功能相同，即它是空调系统的冷源，为各种空调系统的末端装置提供冷冻水（二次冷媒）。它的供热工况为热泵运行方式，能够为空调系统提供 45～55℃的热水。

（2）水—制冷剂系统

水—制冷剂系统热泵主机与冷、热两用的家用分体式空调的工作原理基本相同。

（3）水—空气系统

水—空气系统热泵主机与全空气系统中空调机组的作用相同。不同的是前者自身具备冷热源，其蒸发器（或冷凝器）相当于空调机组的表冷器（或加热器）。因此，该型热泵主机的热效率高于水—水系统热泵主机。在不需要二次冷（热）媒的情况下，宜优先考虑选用这种主机。

6.2.3　地源热泵的优势

（1）地源热泵是利用清洁可再生能源的一种技术，利用地表土壤中储存的太阳能资源作为冷热源。

(2) 全年土壤温度波动小，数值相对稳定。

(3) 可分别提高夏季或冬季的供冷量或供热量。

(4) 具有良好的环保性，对于改善空气质量和热岛效应有很好的作用。

6.2.4 地源热泵的设计、安装与使用

上述三种冷热源（地下土壤、地下水、地表水）的选择需根据当地自然条件及水文地质条件进行综合考虑，对设备初投资及运行维护费用进行综合比较后确定。

1. 冷热源的确定

(1) 地表水源热泵

在靠近江河湖海等大量自然水体的地方宜采用地表水源热泵，利用这些自然水体作为热泵的冷热源。若自然水体较为清澈，且水质情况很好，可采用开环式系统，但需在热泵端设置板式换热器。大部分情况下采用闭环式系统，埋管应在冬季水体冰冻层的下方。管道材质宜选用高密度聚乙烯（HDPE）管。管道尺寸的设计需进行水力计算，管道设计比摩阻宜控制在 40~80Pa/m。

(2) 地下水源热泵

在地下水资源比较丰富的地区宜采用地下水源热泵，一般情况地下 50m 以内可见到地下水的地区可采用此种冷热源方式，水井深度及直径尺寸可根据其出水量情况进行考虑。在目前水资源比较贫乏的大前提下，回灌井的设置是必要的，回灌井的深度以见到地下水为准，直径尺寸根据当地土壤蓄水能力进行计算。

(3) 土壤耦合热泵

在没有地表水源且地下水较深的地区，根据土壤松软程度可考虑使用土壤源热泵系统。此方案需综合地埋管埋设造价进行考虑确定，一般土质较为松软的地区采用此种方式比较合适，而对于地下多为岩石层的山村不建议采用此种方式。

2. 末端系统方案的确定

农村地区家庭中一般有较大面积的庭院，因此以户为单位设置

一个热泵机组是比较合适的，形成以户为单位的中央空调。热泵机组放置在庭院中或者屋顶之上。空调末端系统采用全空气系统或者风机盘管加新风系统。考虑到工程造价及维护保养的方便，不建议采用制冷剂末端系统。

在普通民宅中建议采用集中式全空气系统，在房间末端安装风口，减少了购置大量风机盘管所需的费用，更加适合农村的经济条件，并且避免了室内风机盘管冷凝水处理等一系列的问题，因此是一种实用的系统方式。而且，农村房屋多为脊顶型，吊顶上部有较大空间，适合风道的布置，而吊顶安装完毕后裸露在室内的只有风口，因此美观性也较好。

6.2.5 总结

浅层地热能具有储量大且再生迅速的特点，开采技术和成本不高，符合循环经济发展需求，并且受地理环境的影响较小，特别适合于建筑物的供暖与制冷。浅层地热能的利用通常需要借助于热泵组成地源热泵系统，是近十年来在国内新兴的一项绿色节能技术。由于地下温度十分稳定，相对于季节变化温差较大的大气环境来说，其效率将得到大大提高，同时还减少了烟气的排放，对环保十分有利。因此利用地源热泵开发浅层地热能来解决农村住户采暖空调问题是一种较为理想并且现实的构想。

6.3 微水电、小水电应用

节能-19 微型水力发电技术

微型水力发电（简称微水电）作为一种具有良好经济性、清洁无污染、安装使用便捷的小型可再生能源项目越来越受到山区农户的青睐。随着新农村的建设和农村经济的发展，先进的农机用具的使用、灌溉面积的扩大、家用电器的普及使得对电力的需求日趋增加。由于水力发电技术的成熟，使得微水电较之其他新型可再生能源有着得天独厚的优势。微水电具有以下特点：

(1) 容量小。适于分散建造和使用，尤其适合山区和丘陵地区的农户使用。

(2) 投资省。一次性投入总额不大，投资回收期短。

(3) 周期短。可以在较短的时间建成投入运行。

(4) 易普及。技术成熟，技术集成高，安装使用方便、管理维修容易。

总之，较其他小型可再生能源，微水电更易于推广，便于群众自筹资金、自建自管和自用，社会、经济、生态综合效益显著。

6.3.1 微型水力发电

1. 微型水力发电概述

长期以来，我国将微水电的发电功率定义为100kW以下，其中10kW以下的又称为户用型微水电。分布式发电指的是在用户现场或靠近用电现场配置较小的发电机组直接为用户供电，电力不足部分再从电网购电，多余电能上网卖电，支持电网的经济安全运行。

2. 水力发电原理

微水电与大、中、小型水力发电的基本原理相同，就是利用天然河道的落差、水流，或采取工程措施形成的落差的水能引入到水轮机，水轮机把水能转变为机械能，再通过发电机把机械能转变为电能(见图6-15)。

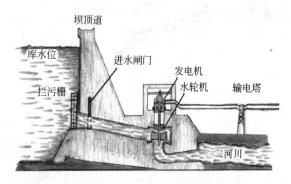

图 6-15 水力发电原理示意

6.3.2 微型水电站规划

1. 站址选择

站址选择：站址选择是在综合考虑地形、水文、地质、与用户距离等条件下选择最为经济可行的站址，一般应把握以下原则：

（1）水电站上下游易于集中落差构成发电水头。

（2）流量比较稳定或地形、地质与水文条件都应当比较优越，而且开发技术可行、方便施工。在建材方面，应尽量能够就地取材。

（3）尽量靠近供电和用电区域，以减少输电设备的投资和电力的损失。

（4）应尽量利用已有的水工建筑物、已建水坝、灌区跌水等水头。

2. 天然瀑布利用

天然瀑布的落差较集中，这种站址往往能在短距离内获得较大水头。以北京市密云县上庄镇大岭村与抗峪村交界处的映山红瀑布作为北方地区小流量微型引水发电示范站，如图6-16所示。

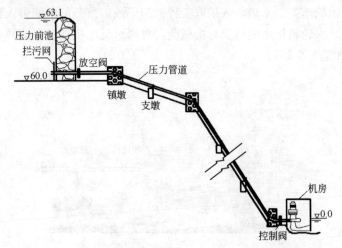

图6-16 映山红水电布置示意

3. 灌渠跌水利用

利用灌溉渠道上的跌水修建微型水电站的示意图见图 6-17。跌水上、下水面差就是水电站的毛水头(含水头损失)。

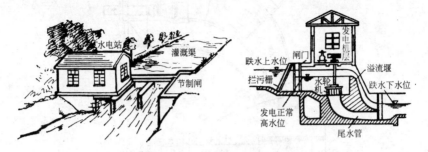

图 6-17 利用灌渠跌水发电的示意

4. 急滩或天然跌水利用

在山区小溪、河流上,常有几米或更大落差的急滩或天然跌水。可利用这种自然条件建引水式水电站,若引用流量大和进水条件好,可不建坝或建低堰。但应考虑适当的防洪措施,以防止山洪对厂房和引水渠等建筑物的冲击。

6.3.3 微水电水工建筑物

1. 引水渠道

引水渠道是连接河道与压力前池的建筑物。引水渠道的功用是集中落差,形成水头,并将水流输送到压力管道引入机组,然后将发电后的水流经下游尾水渠排到下游。

2. 压力前池

在水电站的引水渠道末端常设有一个水池,用来连接引水渠道和水轮机的压力管道,称为压力前池,简称前池。

按照前池的作用划分,其主要组成部分包括扩散段、前池、溢流堰、拦污栅、闸阀和排沙廊道等建筑物,北方地区需设排冰道。设计时视需要而设立(见图 6-18)。

3. 压力管道

压力管道是从引水渠道末端的压力前池将水在有压的状态下引

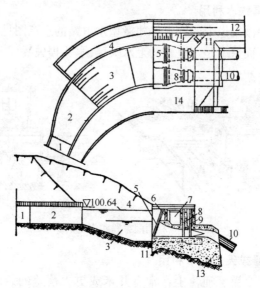

图 6-18 模式口水电站的压力前池示意

1—渠道；2—扩散段；3—前池；4—溢流堰；5—拦污栅；6—挡冰梁；7—排冰道；8—检修门槽；9—工作门槽；10—压力钢管；11—排沙廊道；12—陡槽；13—镇墩；14—修理平台

入水轮机的输水管，它是集中水电站大部分水头的输水管。

传统压力管道的材料一般为钢管或预应力钢筋混凝土管。对于高水头、大流量，一般采用压力钢管；预应力钢筋混凝土管成本较低，在低水头、大流量水电站压力管道中应用广泛；对于水头和流量相对较小时，选择高密度塑料管（如 PE 管）取代钢管可取得较好的经济效益。

相对钢管和混凝土管，PE 管有如下优点：(1)耐腐蚀，使用寿命长；(2)韧性，挠性好；(3)过流能力大；(4)连接方便，施工简单；(5)抗低温、抗冲击性好。

与其他管材相比，PE 管材的抗紫外线能力较弱，长时间暴露在阳光下易老化。应注意采用掩埋、覆盖保护膜或涂防紫外线涂料等方式有效地防止老化。

压力管道的直径需要通过动能经济比较确定其经济直径，也可利用经济流速确定。大中型水电站的经济流速一般为 4~6m/s，管径较小（如 PE100~200mm）的微水电压力管道经济流速一般在

2~3m/s。

4. 机房

机房是装设水轮机、发电机、控制器和其他辅助设备的场所。机房的设计既要便于运行操作管理,又要尺寸紧凑。

微水电机组一般体积较小,户用微水电一般将水轮机、发电机和控制器集成一体,故机房的内部设备简单,一般为无人值守。

5. 尾水渠

尾水渠是水力发电机发电后的排水渠。冲击式水轮机尾水渠道只要满足将余水排出且不淹没机组即可;反击式的机组(混流式、轴流式)对尾水渠有一定的要求,修建时一定要严格按照机组安装高程要求,否则对机组强度和稳定均不利。

6.3.4 水轮机

1. 水轮机选型

水轮机选型可根据水头、流量、单机容量以及其他电站工作条件,可参考已有水电站的实例,初步选定水轮机的类型。选择一般原则为:水头低、流量大时,水轮机多采用轴流定桨式或贯流定桨式;水头高而流量较小时,水轮机多采用混流式;对于水头更高、流量更小的情况,水轮机则采用冲击式。表6-4给出中、小型轴流式、混流式转轮型谱参数。

中、小型轴流式、混流式转轮型谱参数　　　表6-4

使用水头 H(m)	转轮型号		最优单位转速 n_{11o}(r/min)	设计单位转速 n_{11j}(r/min)	设计单位流量 Q_{11j}(l/s)	模型汽蚀系数 σ_H	备注
	规定型号	曾用型号					
2~6	ZD760 $\varphi=+10°$	ZDJ001	150	170	2000	1.0	
4~14	ZD560 $\varphi=+10°$	ZDA30	130	150	1600	0.65	
5~20	HL310	HL365	90.8	95	1470	0.36	等厚叶片
10~35	HL260	HL300	73	77	1320	0.28	等厚叶片

续表

使用水头 H(m)	转轮型号		最优单位转速 n_{11o}(r/min)	设计单位转速 n_{11j}(r/min)	设计单位流量 Q_{11j}(l/s)	模型汽蚀系数 σ_H	备注
	规定型号	曾用型号					
30～70	HL220	HL702	70	71	1140	0.133	
45～120	HL160	HL638	67	71	670	0.065	
20～180	HL110	HL129	61.5	61.5	360	0.055	
125～240	HL100	HLA45	61.5	62	270	0.035	

表格使用说明：

表中"ZD"和"HL"分别表示轴流定浆式和混流式两种水轮机型式，φ表示叶片转角。根据水轮机需要达到的水头 H、设计单位转速 n_{11j} 以及要求的汽蚀系数 σ_H，选择合适的单位流量 Q_{11j}，如果没有要求的单位流量，就选择相近的单位流量。此表中、小型轴流式、混流式转轮的选择都可以使用。

单位转速 n_{11}，单位流量 Q_{11} 由计算公式如下：

$$Q_{11} = \frac{Q_d}{D_1^2 \sqrt{H_d}}$$

$$n_{11} = \frac{nD_1}{\sqrt{H_d}}$$

2. 机组的操作

（1）开机操作

经过检查全部设备正常，并确定线路无故障、无人在线路上工作后，可按下列步骤开机：

慢慢打开阀门，使水轮机组低速运行1～2min后，确定没有问题，然后合上总开关和各分路开关，向外送电。这时会出现电压和频率下降的情况，必须继续调节进水闸门，使电压和频率达到规定的数值。

（2）停机操作

1）慢慢关闭水轮机进水阀门，使水轮机的转速逐步降低；

2）断开发电机的总开关和各分路开关；

3）关闭水轮机进水阀门。

6.3.5 输电线路

发电机发出的电通过输电线送到用户。可采用电杆，用绝缘子固定绝缘线，线高距地面不小于4m。室内使用线路，电线要使用绝缘线，线质采用铜芯、铝芯，使用瓷夹固定线路，室内用绝缘线，不得使用钢丝等裸线。注意采用避雷线或避雷器防止雷击。

水轮发电机组距用户越近，输电距离越短。微型水电站的输电距离一般在 500m 比较经济，超过 1000m，输电成本增大，最大输电距离为 2000m。

6.4　小型潮汐发电技术

节能-20　小型潮汐发电技术

6.4.1　潮汐能概述

潮汐能是海水在月球、太阳等引力作用下形成周期性海水涨落而产生的能量。在沿海的海湾或靠近沿海的一些内河（潮汐河产生河川潮汐），可以利用潮汐水位涨落时产生的能量来发电，这就是潮汐能开发，利用潮差（每一全潮水位升降的幅度）水头发电的水电站称为潮汐电站。

开发潮汐能对缓解当今的能源危机有着重要的意义。我国在广东、江苏、浙江、山东等省的沿海地区先后修建了一批农村小型潮汐电站。

6.4.2　潮汐能的开发方式

潮汐发电就是利用潮汐能的一种重要方式，它将潮汐的能量转换成电能。在海湾或有潮汐的河口筑起水坝，形成水库。涨潮时水库蓄水，落潮时海洋水位降低，水库放水，以驱动水轮发电机组发电。

海水位在大多数地区每日涨落两次，潮汐电站一般有三种类型，即单库单向型、单库双向型和双库单向型。

1. 单库单向发电

潮汐电站单库单向发电（见图 6-19）工作过程分为四个阶段：

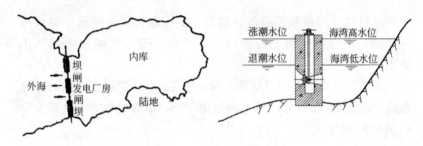

图 6-19　单向发电潮汐电站示意

(1) 从海水位上涨到与水库低水位齐平时起，闸门开，海水流入库内，库水位逐渐升高，直到和高海水位齐平，闸门关。

(2) 此后库水位不变，海水位下降，二者间的水位差不断增加，达到水轮机发电的最小水头时为止。

(3) 此时启动水轮机组发电，库水不断流入海，水位差随之减小，直到等于最小发电水头时停止发电，闸门关，水库再次和海隔断。

(4) 水库保持低水位不变，等候海水位再次涨高到与库水位齐平时，再开闸门。如此周而复始地工作。

同理，也可以在涨潮过程中发电，都称作单库单向型潮汐电站。单向发电的潮汐电站，结构和布置都比较简单，造价低，宜于用户自建自管，但潮汐能量得不到充分利用。

2. 单库双向发电

为克服单向发电的缺点，可建成双向潮汐电站，即涨、退潮均发电，每天发电 18h 以上，单库实现双向发电有两种方法。

(1) 单库可逆水轮机组双向发电

如果把普通的水轮机换成可逆机组，就可以实现在涨潮和落潮时都发电称作单库双向型潮汐电站。我国某潮汐试验电站装有 5 台双向贯流灯泡式潮汐发电机组，如图 6-20 所示，在涨潮和落潮海水从不同方向流经水轮机时都能发电。

(2) 单库双引水道双向发电

图 6-21 中 A、B 为进水室两道闸门，C、D 为尾水闸门。关 B、C 开 A、D 为涨

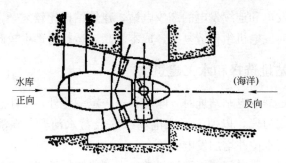

图 6-20 某潮汐电站双向贯流灯泡式机组示意

潮发电情况,关 A、D 开 B、C 则为退潮发电。当达最高潮位时,关闭 B、D 闸门并迅速打开 A、B 闸门,直至蓄水位与最高潮水位接近为止,蓄满水库,以备退潮发电之用。

(3) 双库双向发电

为了涨、退潮期间不间断地发电,可以通过水工建筑物,实现连续发电,也叫连续式潮汐电站。必须建造两个水库,都与海连通并有闸门控制,在潮汐涨落过程中设法使两座水库之间始终保持一定水位差才能实现。这种电站称作双库双向型潮汐电站,如图 6-22 所示,微型水电站一般不采用。

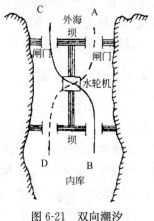

图 6-21 双向潮汐电站布置示意

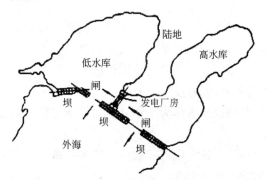

图 6-22 单库双引水道双向发电示意

双向发电和连续发电的潮汐电站,建筑结构比较复杂,造价较高;而双向发电机组构造复杂,成本较高,运行管理也较麻烦。

6.4.3　站址选择和水工建筑物

在选定潮汐电站站址时,除应具备一定潮差外,要注意选择合适的港湾或河段,以便于形成港湾水库或蓄水河段,在涨潮时蓄水,形成高水位并增加发电流量。

进水闸、泄水闸、挡水坝与常规水工建筑物类似,只是上下游交替出现。厂房与河床式水电站一样。水轮机组的特点是水头低、流量大。目前已建成的潮汐电站多数是单库单向型,因为这种电站造价较低。水轮机组则大都采用贯流式机组。

6.4.4　潮汐能开发的特点

潮汐发电是水力发电的一种形式,从发电原理来说和普通水电站并无根本差别,都需要筑坝形成水头,使用水轮发电机组把水能或潮汐能转变成电能,生产的电能通过输电线路输送到负荷中心等。但潮汐能源和常规水力能源相比还是有许多特殊之处。

1. 潮汐能开发的优点

(1) 潮汐能源是一种可再生的洁净能源,没有污染;

(2) 潮汐电站没有水电站的枯水期问题,电量稳定而且还可以做到精确预报;

(3) 建设潮汐电站不需移民,不仅无淹没损失,相反还可围垦大片土地;

(4) 库内可以发展海水养殖、旅游,提高综合效益;

(5) 潮汐电站不需筑高水坝,安全隐患低;

(6) 机组台数多,不用设置备用机组。

2. 潮汐能开发的缺点

(1) 潮汐电站以海水作为工作介质,设备需做防腐蚀和防海生物附着处理。

(2) 单库潮汐电站发电有间歇性,这种间歇性周期变化又和日夜周期不一致。

(3) 潮汐存在半月变化,潮差可相差 2 倍,年利用小时数也低。

(4) 潮汐电站建在港湾海口,通常水深坝长,施工、地基处理及防淤等较困难。故土建和机电投资大,造价较高。

(5) 潮汐电站是低水头、大流量的发电形式,涨、落潮水流方向相反,水轮机体积大,耗钢量多,水工建筑物结构复杂。

7 家庭节电、节水技术

7.1 家庭节电技术

节约用电的观念必须从家庭开始培养，只要有节电意识，随手关灯、关电器，举手投足之间，电视机、空调、照明灯、彩电、洗衣机、电风扇等电器都可轻松节电。

7.1.1 通用节电技巧

家电待机是耗电的首要问题。经统计测算，一般家庭拥有的电视、空调、电脑、微波炉、电热水器等的待机能耗加在一起，相当于开一只 30~50W 的"长明灯"。所以专业人士建议我们，电器用完了，注意拔插头。

何谓电器待机呢？通俗地讲，就是指关闭遥控器并不关闭电源开关，许多家用电器设备停机时，其遥控开关、持续数字显示、唤醒等功能电路会保持通电，形成待机能耗，一般为开机功率的 10%，约 5~15W 不等，这约占家庭用电量的 10%。

家用电器具的插头、插座的接触要匹配良好，否则将多耗电近 40%。

各种充电器等电器的变压器，不用的时候拔下来，不然一样费电。

定时器帮家电节能，出于节能考虑，近年生产的新型家电，普遍都配备了一个"定时键"。一些精明的消费者，通过购买一种 24 小时定时器就是一个巴掌大小的插头插座，价格在三四十元左右，也给家里的老家电完善了节能节电的功能。

分时用电巧省电，已使用分时电表的用户，得到实惠的关键还在于要将大功率具有定时功能的家用电器的使用时间安排在夜里 10 时以后至清晨 8 时，避开用电高峰。

7.1.2 电视机节电技巧

彩电的最亮状态比最暗状态多耗电50%~60%,如51cm彩色电视机最亮时功耗为85W,最暗时功耗只有55W,若将电视机亮度调低一点,一般可节电10%。

看电视时开一盏5W的节能灯,不影响电视屏亮度。白天收看电视应拉上窗帘,最好不要开足电视机亮度。此外,要经常用棉球蘸无水酒精,由电视屏幕中间向四周擦拭,保持荧光屏的洁净,看电视时就可把亮度调小一些。

7.1.3 电冰箱节电技巧

电冰箱的摆放也有讲究,冰箱要尽量放置在阴凉通风处,一般应在两侧预留5~10cm、上方10cm、后侧10cm的空间,这比紧贴墙面每天可以节能20%。

放置时,不要把冰箱放在会产生热量的电器旁边,否则冰箱环境的温度会增加10%,能源消耗也会增加10%~20%。

电冰箱应减少开门次数,实践证明,室外20℃,箱内冷藏室5℃,开门1min,关门后,冰箱要加电20分钟。而这也正是每月多消耗约5~8度电能的原因之一。

冰箱门里挂张塑料薄膜,开门时里面冷气不容易往外跑。塑料薄膜用胶带纸粘在冰箱里,冰箱门打开后,相当于还有一层塑料门帘,节电效果明显。这样,每月可节电6度左右。

冰箱里冷藏物品不要放得太密,存放食物容积约为80%为宜,利于冷空气循环,降温速度快,减少压缩机的运转次数,节约电能。

冰箱定期除霜,提高能效,霜厚10mm,冰箱耗能要增加30%。

如果时间允许,尽量不用微波炉解冻,可将冷冻食品预先放入冷藏室内慢慢解冻,充分利用冷冻的冷能。

7.1.4 洗衣机节电技巧

洗衣前宜先浸泡20分钟,增加洗衣清洁效果,可使洗衣机的运转时间缩短一半左右,电耗也就相应减少了一半。

在同样长的时间周期内,"弱洗"比"强洗"换叶轮旋方向的次数更多。电机重新启动的电流是额定电流的5~7倍,一般来说,强档洗衣反倒省电。

洗衣机的耗电量取决于使用时间的长短,超过规定的洗涤时间,洗净度也不会有大的提高,而电能则白白耗费了。

调好洗衣机的皮带,皮带打滑、松动,电流并不减小,而洗衣效果差;调紧洗衣机的皮带,既能恢复原来的效率,又不会多耗电。

7.1.5 照明灯具节电技巧

电灯是家庭最基本的电器,一个普通家庭至少有6~8盏,合理使用电灯,也可以让你的电费降不少。如果都能做到随手关灯、关电器,相当于节省了一盏30W的长明灯的电能,一个月能节电18度。

尽量用节能灯代替白炽灯。以功率为11W的高品质节能灯代替60W的白炽灯,不仅减少耗电80%,亮度还能提高20%~30%。但节能灯不能频繁开关,否则不能起到节能效果。

日光灯应采用细管灯和电子整流器,与粗管灯和电感式整流器相比可节电30%左右。

铝箔纸光滑面有反光功能,可提高亮度,若在灯具背景面上粘贴铝箔纸,可间接达到省电的效果,但不要用在温度高的卤素灯及白炽灯泡灯具上,以免发生危险。

7.1.6 家用电脑节电技巧

现在电脑都具有绿色节电功能,可设置休眠等待时间,进入"休眠"状态,自动降低机器的运行速度(CPU降低运行的频率,能耗降到30%,硬盘停转)。短时间不用电脑时,启用电脑的"睡眠"模式,能耗可下降到50%以下。

电脑的显示屏是个耗电大户,不用电脑时以待机代替屏幕保护。如此每台台式机每年可省电6.3度;每台笔记本电脑每年可省电1.5度。用液晶屏幕代替CRT屏幕,同传统CRT屏幕相比,液晶屏幕大约节能50%，每台每年可节电约20度。调低屏幕亮度。调低亮度后，每台台式机每年可省电约30度，每台笔记本电脑每年可省电约15度。

7.1.7 家用空调节电技巧

空调器安装应距地面不小于1.8m，以保证空气畅通。空调室外机尽可能安装在不受阳光直射的地方，空调室外机已有防水功能，安装雨篷会影响散热，增加电耗。

注意细心调节室温。制冷时室温定高1℃，制热时室温定低2℃，可省电10%以上。如每天开10个小时，则1.5匹的空调机每天可节电0.5度。

定期清扫滤清器。灰尘会堵塞滤清器网眼，降低冷暖气效果，应半月左右清扫一次。先在油眼中加入数滴缝纫机油，以保证润滑转动，空调器的轴承要定期加润滑油，减少摩擦。这样空调不仅送风通畅，可以降低能耗，对人的健康也有利，可节省10%的电力。

空调配合电风扇低速运转，可使室内冷空气加速循环，冷气分布均匀，可不需降低设定温度，而达到较好的降温效果；制冷一两个小时就关闭，然后打开电扇吹风保持室内凉气，不用长时间开空调，省电近50%。

"通风"开关不要处于常开状态，否则将增加耗电量；使用空调的睡眠功能，可以起到20%的节电效果。

刚开机时，设置高冷或高热尽快达到效果，当温度适宜时，改中、低风，可减少能耗，降低噪声；长时间离开房间要关空调，但空调开机时耗电量较大，应避免频繁开关机。

7.1.8 电风扇节电技巧

落地扇、台扇应放在室内相对阴凉处，将凉风吹向温度高处。白天宜摆放在屋角，使室内气流向外流动。晚上移到窗口门侧，将室外的空气向室内吹拂。如果室内自然空气流动较畅者，最好顺应风向调整风扇角度。一般来说，电风扇的扇叶越大功率越大，消耗的电能越多。

电风扇的耗电量与扇叶的转速成正比，同一台电风扇的最快档与最慢档耗电量相差约 40%，在快档上使用 1 小时的耗电量可在慢档上使用将近 2 小时。所以，在风扇满足使用要求的情况下，应尽量使用中档或慢档。

7.1.9 电热水器节电技巧

简短的淋浴代替使用澡盆，使用低流速的淋浴喷头。淋浴比盆浴可节约 50% 的水量及电量，可降低费用三分之二。淋浴器温度设定要合理，一般在 60~80℃ 之间，开停时间要根据实际需要确定。

不要等电热水器里没有热水了再烧，而应在有热水但估计快用完时开始二次加热，这个方法比把一箱凉水加热到相同温度所用的电要少很多。

7.1.10 电饭煲节电技巧

尽量选择功率大的电饭煲，有些人认为做饭用功率小的电饭锅省电，其实不然。实践证明，煮 1kg 的饭，500W 的电饭锅需 30min，耗电 0.27 度，而用 700W 电饭锅约需 20min，耗电仅 0.23 度，功率大的电饭锅，省时又省电。

电热盘时间长了被油渍污物附着后出现焦碳膜，会影响导热性能，增加耗电。如果电热盘表面与锅底有污渍，应擦拭干净或用细砂纸轻轻打磨干净，保持电热盘的清洁也是省电的一个好方法。

用电饭锅煮饭前，米最好浸泡 30min 左右，用温水或热水煮饭，这样可以节电 30%；煮一段时间后，使其从加热键跳到保温键，利用余热将水吸干，再按下加热键，这样既可省电，还可以防止米饭结块。

电饭锅用后立即拔下插头，不然，当锅内温度下降到 70℃ 以下时，它会断断续续地自动通电，既费电又会缩短使用寿命。

7.1.11 微波炉节电技巧

中国节能产品认证中心指出：微波炉在加热过程中，只会对含水或脂肪的食物进行加热，加热较干食物时，可在食物表面均匀涂一层水，这样可提高加热速度，减少电能消耗。

用微波炉加工食品时，最好在食品上加层无毒塑料膜或盖上盖子，使被加工食品水分不易蒸发，食品味道好又省电。

用微波炉烹调菜肴，菜的数量一次不宜过多，一份菜最好不要超过500g。这样不仅能保证烹调的质量，还能省电。

容器要小，多份食物同时加热可使用小型容器热菜，同时在托盘上放几个容器，时间设置可再增加几分钟，这样可以得到较好的节能效果。

微波炉启动时用电量大，使用时尽量掌握好时间，减少关机查看的次数，做到一次启动烹调完成，减少重复启动次数，不要在烤完后待很长时间再烤第二箱。

用微波炉解冻功能来解冻刚从冷冻室拿出的东西会非常耗电。不如先将食物从冷冻室放入冷藏室缓慢解冻少许时间，然后再用微波炉，会节省不少的能量。

7.1.12 抽油烟机节电技巧

抽油烟机使用一段时间后会附着很多油垢，这时如果不清洗或清洗方法不得当，可能会造成继续使用时增加耗电量。

清洗抽油烟机时，不要擦拭风叶，可在风叶上喷洒清洁剂，让风叶旋转甩干，以免风叶变形增加阻力。

7.1.13 电熨斗节电技巧

选购电熨斗应买调温型，可节电。

最好选购功率为500W或700W的调温电熨斗，这种电熨斗升温快，达到使用温度时能自动断电，不仅能节约电能，还能保证所熨衣物的质量。

做好准备工作，无论哪种电熨斗，事先通电几分钟再使用，节电效果都非常好。对于蒸汽熨斗，热水或者温水比冷水更省电。

在使用的时候，电熨斗通电后可先熨耐温较低的，待温度升高后，再熨耐温较高的。如先选择对温度需求较低的尼龙、涤纶类织物，最后再处理需要温度较高的棉、麻、毛类织物。

把要熨的衣服集中在一起，避免将熨斗多次加热。

7.2 农村家庭节水技术

水是人类赖以生存和发展的重要资源之一，是不可缺少、不可替代的特殊资源。没有水就没有生命，就没有文明的进步、经济的发展和社会的稳定。中国是一个干旱缺水的国家，水资源人均占有量只有 2300m³ 左右，约为世界人均水量的 1/4，列世界第 88 位。加上水资源利用率较低，用水形势日趋严峻。目前，我国农业灌溉每年平均缺水 300 多亿立方米，全国农村还有 3000 多万人饮水困难。

在一些缺水的山区，一碗水要六个人轮流洗脸。而另一些农村守着丰富的水源，却不懂珍惜，他们用水浇地、冲猪圈，有时甚至放任清水流走而不屑于关掉水龙头。他们对水如此奢侈，是因为农村用水不用缴费，他们认为"只要电闸往上这么一推，白哗哗的水就会源源不断地抽上来"。需加强节水宣传来改变这种错误的观念。

目前，我国农业用水占总用水量的 73% 左右，约 4000 多亿吨。而全国灌溉用水有效利用系数为 0.3～0.4 左右，与发达国家灌溉用水利用系数 0.7～0.8 相比，节水的潜力很大。我国农业用水有效利用率每提高一个百分点所节约的水量约 400 亿 t，可供近 10 亿人口的生活用水。灌溉节水固然重要，家庭节水也势在必行。面对频频告急的全国用水形势，每个家庭的节水行动对建设节约型社会来说，都是不可或缺的。

7.2.1 节水产品与技术

1. 减压阀

(1) 主要功能与参数

减压阀是一种自动降低管路工作压力的专门装置，它可将阀前管路较高的水压减少至阀后管路所需的水平。

减压阀的构造类型很多，以往常见的有薄膜式、内弹簧活塞式等（见图7-1）。

图7-1　减压阀示意

减压阀通常有$DN50\sim DN100$等多种规格，阀前、阀后的工作压力分别<1MPa和为0.1~0.5MPa，调压范围误差为±(5%~10%)。

（2）适用范围

减压阀广泛用于高层建筑、城市给水管网水压过高的区域、矿井及其他场合，以保证给水系统中各用水点获得适当的服务水压和流量。

（3）节水现状

鉴于水的漏失率和浪费程度几乎同给水系统的水压大小成正比，因此减压阀具有改善系统运行工况和潜在节水作用，据统计，其节水效果约为30%。

（4）安装指南

减压阀的安装非常容易，在每一只减压阀的包装盒上或盒内均有减压阀的安装使用说明，按照说明即能很容易地了解减压阀的外形结构和安装方法，确保减压阀的正常使用，使人能够舒适长久地使用减压阀。

减压阀安装必须严格按照阀体上的箭头方向保持与流体流动方向一致（见图7-2）。如果水质不清洁含有一些杂质，必须在减压阀的上游进水口安装过滤器（我们建议过滤精度不低于0.5mm）。

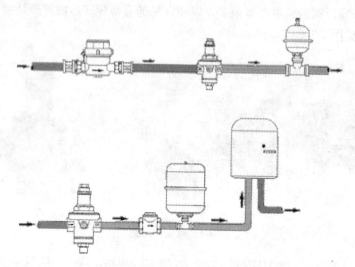

图 7-2 减压阀安装示意

减压阀在管道中起到一定的止回作用,为了防止水锤的危害,也可安装小的膨胀水箱。防止损坏管道和阀门。

过滤器必须安装在减压阀的进水管前,而膨胀水箱必须安装在减压阀出水管后。

2. 节水龙头

以前的水龙头大多采用钢球阀作为内置阀芯,虽然钢球阀具备顽强的抗耐压能力,但起密封作用的橡胶圈易损耗,很快会老化,引发滴水漏水问题的产生。家庭因为水龙头没关紧而"跑冒滴漏"造成的浪费是惊人的。据测定,"滴水"在 1 个小时里可以集到 3.6kg 水,1 个月里可集到 2.6t 水。这些水量,足可以供给一个人的生活所需。至于连续成线的小水流,每小时可集水 17kg,每月可集水 12t。资源流失相当严重。采用节水龙头势在必行。

(1) 主要功能与参数

目前节水型水龙头大多采用陶瓷阀芯,陶瓷阀本身就具有良好的密封性能,能达到很高的耐开启次数,且开启、关闭迅速,解决了跑、冒、滴、漏问题。此外,节水龙头多是在节水器具上加入特制的起泡器,让水和空气充分混合,提高了水的冲刷率,从而有效地减少了用水量,水不会飞溅。节水的同时,舒适度也得到了提高。

此外,市场上还有变距式、感应自闭式、脚踏式等新型水龙头,节水效果显著,更适合于宾馆、办公楼等公共场所安装使用。

(2) 适用范围

节水龙头可广泛用于厨房、厕所、庭院中。

(3) 节水现状

使用新型节水龙头可比老式龙头节水 30%~60%。与其他类型节水龙头相比,其价格较便宜,适用于家庭安装使用。虽然节水龙头价格偏高,但长期下来还是节约的。随着水价市场化步伐的加快,其优势会更加显著。

(4) 选购指南

市场上节水型龙头一般有单柄类和带 90°开关的两种。挑选时:一看外观,以光亮无气泡、无疵点、无划痕为合格标准,好的龙头甚至可以当镜子用;二观材质,阀芯是水龙头的心脏,目前市场上水龙头的内置阀芯种类大多都采用钢球阀和陶瓷阀,钢球阀坚实耐用、具有顽强的抗耐压能力,但老化较快。而陶瓷阀具有良好的密封性能,手感更能体现舒适、顺滑。另外,还要试试龙头的手感,开关是否顺畅,但要注意,龙头轻并不代表手感好。

3. 节水马桶

卫生间冲洗离不开水,卫生间用水量占家庭用水的 60%~70%,而抽水马桶水箱过大是造成大用水量的一个重要原因。

(1) 主要功能与参数(见表 7-1)

节水马桶技术参数　　　　　　表 7-1

排污方式	虹吸喷射式/直冲式/旋转虹吸式
类　型	分体式/连体式坐便器
冲水方式	单键/双键
冲水量	6L/3L/4.5L
进水要求	0.05~0.75MPa
排水方式	下排水/后排水

(2) 适用范围

节水马桶适用于通有自来水的并有排水管路的现代化村镇家庭。

(3) 节水现状

以往一个抽水马桶每冲一次需要用水 9L 左右，而新型节水马桶只需 6L。以每个家庭 3 口人计算，每人每天冲水 4 次（1 次大便 3 次小便），以 9L 马桶为例，每月用水约为 3240L；如果用双键 3L/6L 节水马桶，根据不同需要冲水，每月只需用水 1350L，这样不仅能节省 1890L 自来水，同时减少了 1890L 污水的排放。

(4) 选购指南

选购时最好当场做冲水检验，确定冲水量，同时观察冲水效果。不过，目前市场上的二档马桶基本上属于模糊二档，其冲水量并不稳定，也许少的时候就可能达不到冲洗的效果。国家提倡的是定量二档，即严格做到 3L 和 6L，选择时注意产品质量。

此外，在选择马桶时，还应考虑管道的连接方式以及排水方式，这样才能买到适合自己家庭的节水马桶。

4. 节水浴缸

节水浴缸主要依靠循环水和容积量来节约用水。长度在 1.5m 以下的浴缸，深度虽然比普通浴缸要深，但比普通浴缸节水。普通浴缸往往中规中矩，截面呈矩形，节水浴缸则多采用上宽下窄、前窄后宽的不规则形状，有的节水浴缸底面呈后部深、前部浅的曲线状。节水浴缸长度一般从 1200mm 到 1700mm 不等，深度在 500～700mm 之间，比普通浴缸深。从外观上看，节水浴缸和普通浴缸差别不大，但节水浴缸比普通浴缸要节约 20%～30% 的用水量。而且，符合人体坐姿功能线的设计，不会让水大量流失。由于缸底面积小，比一般浴缸容易站立，特别适合老人和小孩使用。同时与淋浴配合使用，可以做到一水多用。

7.2.2 生活节水知识

除使用节水器具之外，养成良好的节水习惯也是节水的重要途径，表 7-2 中对比了不同用水习惯可以节约的水量。

不同习惯用水量对比表　　　　　　　　表 7-2

项目	旧习惯	用水量(L)	好习惯	用水量(L)	节省水量(L)
刷牙	水长流	38	用杯接水刷牙	2	36
刮脸	水长流	76	用水池里的水	4	72
洗手	水长流	8	用盆洗	4	4
洗碗	水龙头冲洗	114	在盆中清洗，漂净	19	95
洗衣机	满周期(满载)	227	不满周期(不满载)	102	125
淋浴	水长流	95	冲湿，抹肥皂清洗	34	61
盆浴	满盆	132	1/4 满(最少)	38	95
马桶	老式马桶	12～15	新设备	6～9	3～6

从表 7-2 可以看出，好习惯的形成可以节约大量的水，为子孙后代多保留些水资源。下面将介绍几种家庭节水小窍门。

1. 洗衣服如何节水

洗衣服一般做法为先用少量水加洗涤剂(肥皂/洗衣粉等)洗去污渍，再用清水漂洗若干次，用水量主要发生在漂洗阶段，为了在漂洗过程中达到既干净又节水的目的，有如下几个小窍门：

(1) 增加漂洗次数，每次漂洗水量宜少不宜多，以基本淹没衣服为准；

(2) 每次漂洗完后，尽可能将衣物拧干，再放清水；

(3) 洗完衣服的清水可以存起来擦家具、拖地，再次利用后冲马桶。

2. 洗脸、洗手、洗澡、刷牙如何节水

用流动的水洗手、洗脸会浪费不少水，如果用脸盆洗手，就能减少不必要的浪费，而且还可以将洗完手后的水来涮墩布、冲马桶。洗澡时在水龙头下放一个水桶，将这些水集中起来用来冲马桶。洗澡先从头到脚淋湿一下，全身涂皂液搓洗后再开温水一次性冲干净，避免长时间开着喷头的水。刷牙时，采用口杯盛水刷牙。

3. 卫生间如何节水

(1) 卫生间节水小窍门

垃圾无论大小、粗细，都应该从垃圾通道清除，请不要用马桶来冲，这样会浪费很多清洁的水。

你如果觉得马桶的水箱过大,可以在水箱里竖放一块砖头或一只装满水的大可乐瓶,以减少每一次的冲水量。但须注意,砖头或可乐瓶不要妨碍水箱部件的运动。

用收集的家庭废水冲厕所,可以一水多用,节约清水。

(2) 抽水马桶漏水怎么办

水箱漏水总是最多,进水口止水橡皮不严,灌水不止,水满以后就从溢流孔流走;出水口止水橡皮不严,就不停流走水,进水管不停地进水。

检验马桶是否漏水,可以在水箱里滴 2 滴蓝墨水,在不使用冲水按钮的情况下,如果看到马桶中出现蓝色,则证明水箱在漏水。一个漏水的马桶一个月可能流掉 3~25t 水。

抽水马桶漏水的常见原因是由于封盖泄水口的半球形橡胶盖较轻,水箱泄水后因重力不够,落下时不够严密而漏水,往往需反复多次才能盖严。解决的方法是在连接橡胶盖的连杆上捆绑少许重物,如大螺母等,注意捆绑物要尽量靠近橡胶盖,这样橡胶盖就比较容易盖严泄水口,漏水问题就解决了。

4. 厨房节水小窍门

洗碗、洗菜、淘米时不用流水冲洗,采用盆洗涤。淘米水用来洗碗、洗菜和浇花。洗菜、淘米、热奶后刷奶锅的水用来浇花。饭后用煮面水洗碗筷。

5. 收集废水,一水多用

(1) 洗脸水用后可以洗脚,然后冲厕所。

(2) 家中应预备一个收集废水的大桶,它完全可以保证冲厕所需要的水量。

(3) 淘米水、煮过面条的水,用来洗碗筷,去油又节水。

(4) 养鱼的水浇花,能促进花木生长。

(5) 洗衣服的水用来涮墩布,然后再冲厕所。

7.2.3 非传统水源的收集利用

1. 雨水集蓄利用

雨水利用是一项十分古老的技术。我国的农民在长期的抗旱实践中,积累了丰富的利用雨水的经验,创造了水窖、水窑、水池等小型和微型蓄水工程形式,用于解决生活饮水问题。其中,建设小型水窖比较适合于北方缺水地区家庭雨水的收集利用。下面介绍几种环保经济型水窖的建造方法。

(1) 一种柔性环保橡塑水窖及其制备方法

如图7-3所示,在橡塑窖袋体的底端设有排污口,橡塑窖袋体的顶端的一侧设有排气阀,橡塑窖袋体侧面分别设有雨水进口和取水口,在橡塑窖袋体的周边上根据需要设有窖体位置固定带,橡塑窖袋体周围还布设有固定锚索。水窖蓄满水为圆柱形状或椭圆柱形状,分为卧式和立式,可安放在地上或地下,寿命20~25年,成本为100元/m³左右,较常规水窖节省投资20%~30%,节省成窖时间80%以上。特别是对解决偏远缺水地区生活用水,发展节水农业、小型加工业及生态集雨用水具有重要的实际意义。

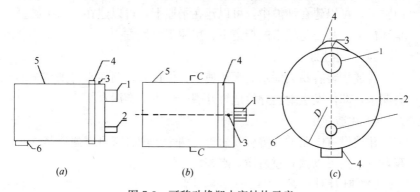

图7-3 可移动橡塑水窖结构示意
(a)主视图;(b)俯视图;(c)袋体的层面图(C—C剖视图)
1—雨水进口;2—取水口;3—排气阀;4—位置固定带;
5—橡塑窖袋体;6—排污口

(2) 设有内胎的水窖及其集水方法

建造设有内胎的水窖无需水泥砂石等建材,只需先挖掘地窖,之后将水窖内胎安设在地窖之中即可蓄水(图7-4)。

1) 造价低廉

一个普通水窖造价高达数千元,设有内胎的水窖的造价在千元以内,不算人工,造价仅为数百元。

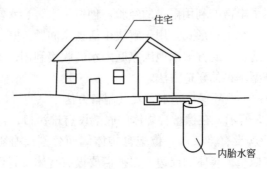

图 7-4 设有水胎的水窖的示意(住宅蓄水系统)

2) 不受地形地质条件影响

普通水窖建造时必须严格考虑地形地质条件，否则水窖极易受地形地质的影响而遭受损坏。"设有内胎的水窖"在建造上则完全不受地形地质条件的影响。它可以建在山顶上，可以建在山腰中或山脚下，可以建在沙漠中，可以建在平原上，可以建在石山中甚至是稻田下，甚至是城市的街道下、房屋下等地方。

3) 密封性好

普通水窖容易因漏水而无法使用，但设有内胎的水窖则完全不会漏水，即使发生地震导致地窖开裂变形也不会漏水。

4) 建造简单

建造设有内胎的水窖极其简单，两个人配合就可以建造竖式水窖，一个人可以独立建造横式水窖。

5) 使用期长

设有内胎的水窖使用期极长，水窖内胎能用多久，设有内胎的水窖就能用多久。即使水窖内胎报废不能用了，只要换一个水窖内胎，报废的水窖又是一个新的水窖。

6) 用途广泛，社会效益高

(3) 其他雨水收集方法

1) 在屋檐上，设计突出的沟槽接收从屋顶流下来的雨水，再经过导管进入地面的蓄水池。在修建蓄水池时，他们会在池里放置一些鹅卵石和粗砂，雨水经过砂石的简单过滤，就可以饮用了(见图 7-5、图 7-6)。

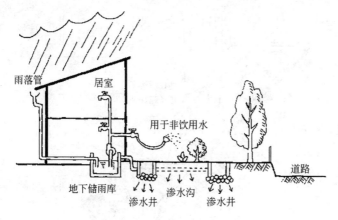

图 7-5 屋檐雨水收集示意

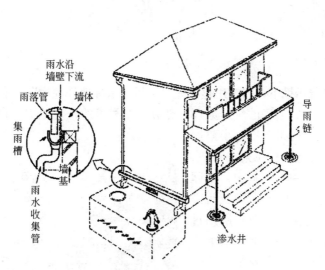

图 7-6 房屋墙体外壁雨水收集方法示意

2）住在楼房中的居民可以在下雨的时候，将雨伞倒挂在阳台上，将伞头剪掉，用塑料管将他们连起来，引入一个大水缸中，这样就可以收集到雨水了，如图 7-7 所示。

2. 污水回用技术

建立小型生态污水处理厂

安徽省肥西县上派镇三岗村的 40 户村民，在当地环保局等有关

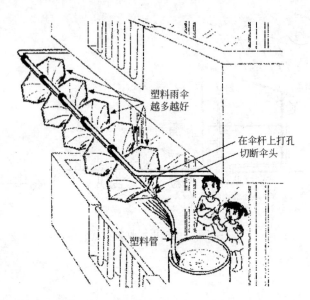

图 7-7 阳台上接雨水示意

部门指导帮助下,陆续建起家庭"生活污水湿地处理池"(图 7-8)。该池根据 U 形管的气压原理,充分利用村里的丘陵地势,自上而下分为大鹅卵石层、小鹅卵石层、细砂层、泥土层和吸水性植物层等。其中,鹅卵石隔离污水中的大颗粒污染物,如粪便等;细砂层则过滤污水中的小杂质;最上面的水性植物层主要是过滤水中的有机物,如氮、磷、钾等。污水从底下的进水口进入,经过一系列的处理后再从最上端的出水口排到村里的下水道中,统一外排。据测算,经过三道工序处理后的生活污水,完全可以达到

图 7-8 小型生态污水处理厂示意

国家规定的排放标准。"生活污水湿地处理池"内部长 2m、宽 1m、深 0.6m。四层设施在处理池内部组成一个小型的生态湿地系统，整个处理池占地面积不到 $3m^2$，房前屋后均可就地建设，而且造价低廉，整体投入只要 1500 元，就完全可以满足全家人的生活污水处理需求。基础建设完成后，处理池完全成全封闭状态，大部分都埋在地下，上面的泥土层照样可以栽树种花，美化环境，看上去就是一个小苗圃，基本不占用耕地。

小型生态污水处理厂的建立，既减轻了水污染，又美化了环境，部分农村可因地制宜地采用此技术。

7.2.4 村镇供水技术

村镇供水任重道远。水是人类生存最基本的条件，获得安全饮用水是人类的基本需求，事关群众的身心健康和正常生活。

胡锦涛总书记对饮水安全工作非常重视，曾明确指出："要把切实保护好饮用水源，让群众喝上放心水作为首要任务。科学规划，落实措施，统筹考虑城市饮水，统筹考虑水量水质，重点解决一些地方存在的高氟水、高砷水、苦咸水等饮用水水质不达标的问题以及局部地区饮用水严重不足的问题。"

温家宝总理曾指出："我们的奋斗目标是，让人民群众喝上干净的水，呼吸清新的空气，有更好的工作和生活环境。"

由于村镇经济普遍不发达，生活用水基本没有经过必要的处理，村镇供水水质差，造成居民饮水水质没有保障，导致水传播疾病频发。选择安全适宜的水源，采用恰当的处理技术，保障农村饮水安全，是未来工作的重点。下面将根据不同的水源介绍几种适宜的水处理技术。

1. 地下水处理

地下水由于通过地层的过滤作用，不含悬浮物，水质和水温是稳定的，较少受外界影响，水质较好，处理工艺比较简单，一般无需专门构筑物来处理。取用地下水应有可靠的水文地质资料，且取水量≤允许开采量。通常工艺如下：原水——简单处理(筛网隔滤、消毒)——用户。

由于有些村镇所处地区的特殊性,取自当地地下水时,地下水可能是特殊水质的水源,如含铁地下水、含锰地下水、含氟水、含砷水等等,针对这样的水质,要对水质进行特殊处理。

含铁地下水——曝气装置——氧化反应池——快滤池——除铁水;

含锰地下水——凝聚(加入 $KMnO_4$)——沉淀——过滤——除锰水;

含铁含锰地下水——弱曝气——生物除铁除锰滤池——除铁锰水;

含氟原水——吸附——滤池——清水池——除氟水;

含砷原水——混凝——沉淀——慢滤——除砷水。

2. 地表水处理

常规地表水以去除水中的浑浊物质和细菌、病毒为主,水处理系统主要由澄清和消毒工艺组成,其中混凝、沉淀和过滤的主要作用是去除浑浊物质,常规工艺如下:原水——混凝池——沉淀池——过滤池——清水池——出水。

鉴于常规工艺占地面积大、基建费用高的缺点,建议部分地区因地制宜地采用一些高科技、低能耗的自动化水处理设备。如图 7-9 所示,该溶氧曝气精滤设备具有占地小、易操作、出水水质好、节能降耗等优点,可保障饮用水的安全,是小型村镇集中供水的优化选择。

图 7-9 全塑水力全自动曝气溶氧精滤设备示意

7.2.5 结语

节水最关键的不是建筑节水技术,而是人们节水的意识,人们的用水习惯。据调查,目前这种观念尚未真正有效树立,所以倡导人们将淡水资源当作一种珍稀资源，节制使用，呼吁全民节水势在必行。只要采取一项措施或几项措施兼用，其节水效果都将是显著的。"坚持开发与节约并举，把节约放在首位"。在遵循生态规律、经济规律、社会发展规律等的前提下，在水资源、水环境承载能力范围内，在需水管理理论指导下，在完善的法律体系框架内，以政府为主导，综合运用行政、法律、管理、经济、宣传教育及科技等手段和措施，统一管理，科学配置，不仅能取得显著的经济效益，而且能在一定程度上缓解城市用水供需矛盾，解决高峰期缺水问题，还能减少污水排放量，保护环境，取得较好的社会效益和环境效益，建立节水型的社会。

附录 技术列表

技术编号	技 术 名 称
节能-1	炉灶改造技术
节能-2	二次进风省柴灶技术
节能-3	高效节能炕采暖技术
节能-4	燃池(地炕)式采暖技术
节能-5	沼气池设计技术
节能-6	沼气池施工技术
节能-7	沼气池安全使用技术
节能-8	沼气池维护管理技术
节能-9	畜禽养殖场沼气工程工艺技术
节能-10	太阳灶技术
节能-11	太阳能热水系统技术
节能-12	太阳能温室技术
节能-13	被动式太阳房技术
节能-14	生物质压缩成型技术
节能-15	生物质气化技术
节能-16	户用风光互补用水、提水工程技术
节能-17	村庄风力发电系统技术
节能-18	农村地源热泵技术
节能-19	微型水力发电技术
节能-20	小型潮汐发电技术

参 考 文 献

[1] 郭继业. 省柴节煤灶坑. 北京：中国农业出版社，2001.
[2] 袁振宏，吴创之，马隆龙等. 生物质能利用原理与技术. 北京：化学工业出版社，2008.
[3] 郝芳洲，贾振航，王明洲等. 实用节能炉灶. 北京：化学工业出版社，2004.
[4] 耿德，张金魁，郝芳洲等. 省柴灶. 北京：中国农业工程设计院，1983.
[5] 农牧渔业部能源环保办公室，河南农业大学合编. 全国农村推广先进省柴灶图册. 北京：中国林业出版社，1986.
[6] 王东兴，张培光，徐文等. 山东省优秀省柴灶图集. 东省农业厅农村能源办公室编印，1983.
[7] 全国农村优秀省柴灶图册. 北京：中国农业工程研究设计院农业工程管理处编，1983.
[8] 管黎初. 农村优秀省柴灶结构施工图选登. 农业工程技术，1983，(5).
[9] 管黎初. 农村优秀省柴灶结构施工图选登(二). 农业工程技术，1983，(6).
[10] 管黎初. 农村优秀省柴灶结构施工图选登(四). 农业工程技术，1984，(2).
[11] 管黎初. 农村优秀省柴灶结构施工图选登(五). 农业工程技术，1984，(3).
[12] 管黎初. 农村优秀省柴灶结构施工图选登(七). 农业工程技术，1984，(5).
[13] 傅莉霞，张建高，刘天慰. 省柴灶炉膛吊火高度的研究. 浙江农业大学学报，1995，(2).
[14] 彭景勋. 省柴灶的使用管理问答. 农业工程技术，1991，(4)，(5).
[15] 郭继业. 吊炕的结构和材料选择. 新农业，2001，(3).
[16] 郭继业. 吊炕砌筑要点. 新农业，2001，(5).
[17] 郭继业. 吊炕的搭砌方法. 新农业，2001，(6).
[18] 郭继业. 吊炕热性能的调节. 新农业，2001，(7).

- [19] 郭继业. 吊炕常见病的解决及炕头暖风箱的应用. 新农业, 2001, (9).
- [20] 彭景勋. 砌好省柴灶的施工方法. 农业工程技术, 1983, (5).
- [21] 唐政国. 省柴灶的设计原理与施工. 农业工程技术, 1983, (3).
- [22] 赵天乃. 省柴灶的吊火高度. 可再生能源, 1991, (2).
- [23] 肖龙根. 省柴灶吊火高度的合理确定. 可再生能源, 1990, (4).
- [24] 郭继业. 北方省柴节煤炕连灶技术讲座(一). 农村能源, 1998, (5).
- [25] 郭继业. 北方省柴节煤炕连灶技术讲座(二). 农村能源, 1998, (6).
- [26] 郭继业. 北方省柴节煤炕连灶技术讲座(三). 农村能源, 1999, (1).
- [27] 郭继业. 北方省柴节煤炕连灶技术讲座(四). 农村能源, 1999, (2).
- [28] 郭继业. 北方省柴节煤炕连灶技术讲座(五). 农村能源, 1999, (3).
- [29] 陈桂钦. 建省柴灶的几点作法. 农村能源, 1994, (1).
- [30] 王朝国. 省柴节煤灶的施工结构与制作要点. 新疆农业科技, 1996, (4).
- [31] 史君洁. 省柴灶主要参数表及其应用. 农村能源, 2000, (3).
- [32] 彭景勋. 节能炉灶烟囱砌筑. 农业工程技术, 1988, (2).
- [33] 彭景勋. 省柴灶部件功能与施工要求. 农业工程学报, 1984, (2).
- [34] 阿良. 省柴灶建造技术. 农村新技术, 2007, (11).
- [35] 曾友邦. 省柴、省煤灶常见病问答. 可再生能源, 1985, (2).
- [36] 管黎初. 怎样砌好一个省柴灶. 农业工程技术, 1983, (1).
- [37] 郝芳洲. 全国农村优秀省柴灶介绍. 农业工程技术, 1983, (1), (3).
- [38] 中国农村能源行业协会节能炉具专业委员会. 发展民用生物质炉具中促进朝阳产业发展. 可再生能源, 2007, 25(2).
- [39] 壳牌基金会. 创新技术将致命烟尘赶出厨房. 可再生能源, 2007, 25(2).
- [40] 刘宝亮, 蒋剑春. 生物质能源转化技术与应用(Ⅵ)——生物质发电技术和设备. 生物质化学工程, 42(2): 55-60.
- [41] 郝芳洲. 户用生物质炉具发展现状. 农业工程技术(新能源产业), 2008, 5: 12-14.
- [42] 郝芳洲. 积极推广户用高效低排放炉具. 节能与环保, 2007, 5: 10-12.
- [43] 顺树华, 张希良, 王革华. 能源利用与农业可持续发展. 北京: 北京出版社, 2000.
- [44] 刘国喜, 庄新妹, 李文, 王玉金. 生物质气化炉. 农村能源, 1999. 6.
- [45] 邓可蕴, 郝芳洲, 贾振航. 生物质炉灶的实用与维护. 北京: 中国农业出版社, 2006. 6.
- [46] 中国农业部科教司, 中国农业出版社. 省柴节煤灶炕技术手册. 北京: 中国农业出版社, 2006. 12.